中国花生地方品种骨干种质

Key Germplasm of Chinese Peanut Landraces

单世华 闫彩霞 编著

中国农业出版社
北 京

编委会名单

Editorial Board

主　　编　单世华　闫彩霞

副 主 编　王　娟　孙全喜　李春娟　郑奕雄　苑翠玲

赵小波　唐荣华

编著人员（以姓氏笔画为序）

王丛丛　王廷利　尹　亮　石程仁　包汉堂

冯　昊　江　晨　许婷婷　杨伟强　宋秀霞

张　浩　陈　静　陈少婷　钟瑞春　姜常松

宫清轩　矫岩林　焦　坤　韩柱强　谢宏峰

前言
Preface

作物种质资源是国家的战略性物资，也是农作物基础研究和遗传改良的重要物质基础。花生是我国重要的油料作物和经济作物，其丰富的种质资源是研究花生起源与演化的重要材料，更是突破产量和品质育种“瓶颈”的物质前提。经过半个多世纪的收集与引进，目前国家花生中期库种质保有量已达7 000余份，居世界第三位，但在生产上直接或间接作为杂交亲本的种质不足百份。因此，构建中国花生地方品种骨干种质，全面评价其生物学、品质、抗性及分子生物学信息，对发掘花生优异基因资源、拓宽现有花生品种遗传基础具有重要意义。

《中国花生地方品种骨干种质》共收录了171份花生种质资源，可最大程度地代表中国花生地方种质的遗传变异和群体结构。本课题组经过四年三点的田间调查、抗性鉴定及室内分子检测，形成该书的主体内容，图文并茂、全面系统地介绍了171份骨干种质的生物学性状、休眠性、经济学性状、抗逆性、抗病性等重要特征特性，并结合近年来不断发展的SSR分子标记技术构建了全部骨干种质的指纹图谱，使我国花生种质从表型鉴定上升到了分子鉴定水平。

本书的编写与出版得到了国家国际科技合作专项（2015DFA31190）、山东省农业良种工程（2017LZN033、2017LZGC003）、山东省产业技术体系（SDAIT-04-02）和青岛市民生科技计划（17-3-3-49-nsh）等课题的资助，由泰山学者特聘专家（ts201712080）团队和农业农村部“花生种质鉴定评价与利用”创新团队通力合作完成。中国农业科学院油料作物研究所姜慧芳研究员提供了部分数据，广西农业科学院经济作物研究所唐荣华研究员、仲恺农业工程学院郑奕雄教授对全书的编写提出了宝贵的意见与建议，在此一并致谢！

由于编者水平有限，书中难免存在一些缺点、纰漏和不足，恳请读者和同仁批评指正。

编 写 说 明

Compiling Instructions

1. 本书收录的是山东省花生研究所从近3 000份农家品种和育成品种中，以13个表型性状的数据为基础，构建的171份中国花生地方品种骨干种质。其中多粒型12份，珍珠豆型37份，龙生型32份，普通型76份，中间型14份。

2. 本书采用的数据大部分来自山东省花生研究所品种资源课题组2013—2016年在山东曹县、济南、莱西和海阳进行的多年多点鉴定试验，少部分来自国家中期库的历史数据。其中农艺性状和植物学数据均是在不同生育期调查和测定所得。抗旱性是2013—2014年在山东海阳发城镇大田直接鉴定。耐涝性是2016年在山东莱西望城镇和海阳市二十里店镇大田直接鉴定。病虫害（包括青枯病、病毒病、早斑病、叶斑病、锈病和根结线虫病）抗性鉴定数据大部分来自2013—2014年大田自然发病情况鉴定，少部分来自国家中期库的历史数据。品质成分由农业部油料及制品质量监督检验测试中心测定（气相色谱法，NY/T 3105—NY/T 3110；凯氏定氮法，GB/T 24870）。种质指纹图谱构建由山东省花生研究所品种资源课题组独立完成。

3. 本书种质编写顺序是按照花生种质国家库统一编号从小到大依次进行。书末各类种质资源检索目录中，5大植物学类型是按照种质国家库统一编号从小到大进行排序；品质优异种质是按照品质成分含量从高到低进行排序；抗性优异种质则先按抗性等级从小到大排序，同一等级种质再按照国家库统一编号从小到大进行排序。

4. 品质优异种质中，高蛋白花生是指蛋白质含量>31%的花生种质，高油花生是指含油量>54%的花生种质，高O/L花生是指O/L>1.7的花生种质。

5. 抗逆优异种质是指抗旱或耐逆评价级别在中抗或中耐以上的花生种质。抗病虫优异种质是指抗病或抗虫评价级别在中抗以上的花生种质。

6. 构建171份花生地方品种骨干种质指纹图谱所用的SSR标记分别是pPGPseq2C11、GNB556、Ah2TC11H06、Ah1TC5A06、GM2638、PM308、GNB329、AHS2037，其多样性指数即PIC值范围为0.78 ～ 0.92，检测到的等位变异数为6 ～ 10个。

7. 书末附有各类花生种质资源分类表及构建中国花生地方品种骨干种质指纹图谱所用的SSR引物详细信息、聚类图、群体结构图和电泳图等。

目　录

Contents

前言

编写说明

概述 …… 1

1　花生的植物学分类 …… 2
2　栽培种花生的起源与传播 …… 2
3　我国花生种质资源概况 …… 3
4　我国花生种质资源的分类与特征 …… 3
4.1　多粒型 …… 4
4.2　珍珠豆型 …… 4
4.3　龙生型花生 …… 5
4.4　普通型花生 …… 5
4.5　中间型花生 …… 6
5　中国花生地方品种骨干种质 …… 6
5.1　骨干种质的构建与评价 …… 6
5.2　骨干种质的表型多样性评价 …… 7
5.3　骨干种质的遗传多样性评价 …… 7
5.4　骨干种质的指纹图谱 …… 7

花生种质资源调查记载描述规范 …… 9

中国花生地方品种骨干种质 …… 13

抚宁多粒 …… 14
蓬莱小粒花生 …… 15
即墨小红花生 …… 16
红膜七十日早 …… 17
新宾红粒 …… 18
法库四粒红 …… 19
莒南小白仁 …… 20
伏花生 …… 21
赣榆小站秧 …… 22
启东赤豆花生 …… 23
涡阳站秧 …… 24
滁县二秧子 …… 25
强盗花生 …… 26
百日子 …… 27
石龙红花生 …… 28
蒲庙花生 …… 29
扶绥花生 …… 30
睦屋拔豆 …… 31

三伏 …… 32
龙武细花生 …… 33
兴义扯花生 …… 34
阜花3号 …… 35
锦交1号 …… 36
滕县滕子花生 …… 37
巨野小花生 …… 38
栖霞爬蔓小花生 …… 39
海门圆头花生 …… 40
万安花生 …… 41
凌乐大花生 …… 42
托克逊小花生 …… 43
北京大粒墩 …… 44
武邑花生 …… 45
昆嵛大粒墩 …… 46
临清一窝蜂 …… 47
艳子山大粒墩 …… 48
花55 …… 49
花54 …… 50
反修1号 …… 51
栖霞半糠皮 …… 52
威海大粒墩 …… 53
胶南一棚星 …… 54
莱芜蔓 …… 55
夏津小二秧 …… 56
牟平大粒蔓 …… 57
汶上蔓生 …… 58
苍山大花生 …… 59
撑破囤 …… 60
滕县洋花生 …… 61
杞县杨庄133 …… 62
南阳小油条 …… 63
大粒花生 …… 64
发财生 …… 65
全县番鬼豆 …… 66
柳城筛豆 …… 67
托克逊大花生 …… 68
北镇大花生 …… 69
兴城红崖伏大 …… 70
花33 …… 71
花32 …… 72
花19 …… 73
徐系4号 …… 74
鄂花3号 …… 75
洪洞花生 …… 76
垟山头多粒 …… 77
普陀花生 …… 78
多粒花生 …… 79
蒙自十里铺红皮 …… 80
辽中四粒红 …… 81
P12 …… 82
临县花生 …… 83
潢川直杆 …… 84
青川小花生 …… 85
紫皮天三 …… 86
阳新花生 …… 87
早花生 …… 88
鄂花5号 …… 89
金寨蔓生 …… 90
安化小籽 …… 91
茶陵打子 …… 92
钩豆 …… 93
狮油红4号 …… 94
粤油92 …… 95
浦油3号 …… 96
黄油17 …… 97
惠红40 …… 98
狮头企 …… 99
西农3号 …… 100
西农040 …… 101
南宁小花生 …… 102
惠水花生 …… 103

绥阳扯花生 …… 104
沈阳小花生 …… 105
永宁小花生 …… 106
沂南四粒糙 …… 107
熊罗9号 …… 108
大伏抚罗1号 …… 109
江津小花生 …… 110
扶沟罗油6号 …… 111
仪陇大罗汉 …… 112
浒山半旱种 …… 113
长沙土子花生 …… 114
全州凤凰花生 …… 115
鹿寨大花生 …… 116
大只豆 …… 117
大虱督 …… 118
大叶豆 …… 119
大直丝 …… 120
英德鸡豆仔 …… 121
福山小麻脸 …… 122
试花1号 …… 123
试花3号 …… 124
博山站秧子 …… 125
沂南小麻叶 …… 126
嘉祥长秧 …… 127
沂南大铺秧 …… 128
郑72-5 …… 129
长垣一把抓 …… 130
濮阳837 …… 131
濮阳二糙 …… 132
王屋花生 …… 133
李砦小花生 …… 134
开封大拖秧 …… 135
百日矮8号 …… 136
南江大花生 …… 137
南溪二郎子 …… 138
霸王鞭 …… 139
潜山大果 …… 140
宿松土花生 …… 141
邵东中扯子 …… 142
桂圩大豆 …… 143
屯笃仔 …… 144
大埔种 …… 145
琼山花生 …… 146
墩督仔 …… 147
细花勾豆 …… 148
小良细花生 …… 149
英德细介仔 …… 150
天津2 …… 151
马圩大豆 …… 152
直丝花生 …… 153
大花生 …… 154
清远细豆2号 …… 155
岑巩藤花生 …… 156
凯里蔓花生 …… 157
锦交4号 …… 158
早熟红粒 …… 159
辐杂突8号 …… 160
秭归磨坪红皮花生 …… 161
巴东杨柳池本地花生 …… 162
望江小花生 …… 163
黄岩勾鼻生 …… 164
赣花2326 …… 165
赣花2861 …… 166
赣花2867 …… 167
汕油523 …… 168
白肉子 …… 169
锦花2号 …… 170
熊罗9-7 …… 171
桑植C …… 172
白涛 …… 173
小河大花生-1 …… 174
小河大花生-2 …… 175

沙洋3527 …… 176
岳西大花生 …… 177
来安花生 …… 178
檀头六月仔 …… 179
三号仔 …… 180
群育161 …… 181
经花14 …… 182
经花25 …… 183
经花48 …… 184

主要参考文献 …… 185

附录 …… 189

附录1　中国花生地方品种骨干种质类型资源 …… 190
附录2　中国花生地方品种骨干种质分子生物学研究关键结果 …… 203

概　述

Outline

种质资源（Germplasm Resources），又称品种资源（Variety Resources）、遗传资源（Genetic Resources）、基因资源（Gene Resources），是指农作物的各类品种、品系、遗传材料，野生种及其近缘种的变种、变型。种质资源作为自然演化或人工创造形成的一种重要的自然资源，在漫长的历史过程中，积累了极其丰富的遗传变异，是人类改良农作物和实现农业可持续发展的基因来源，是作物起源、演化、分类、生态和生理等各项研究的物质基础。然而，自20世纪以来，随着环境变化、人类活动范围扩大、农业种植结构调整、传统产业萎缩和消失等诸多因素影响，作物种质遗传多样性的破坏和丧失非常严重。美国在过去100年间，玉米、番茄、苹果的种植品种类型分别丧失了91%、81%、86%；韩国在1985—1993年间，农场种植的农作物品种类型丧失了74%；我国农作物栽培品种则以每年15%的速度递减，尤其是野生种及其近缘种因原生境生长地遭到严重破坏，种植面积越来越小。与此同时，集中利用少数骨干亲本选育而成的品种数量却正在大幅增加，农作物品种的遗传脆弱性已成为农业生产面临的最大挑战。因此，积极引入新的基因资源，拓宽育成品种的遗传基础，对避免因种质过于单一而导致生态系统脆弱和病虫等自然灾害的大规模暴发，突破产量和品质育种的“技术瓶颈”，具有重要的现实意义和深远的战略意义。

1　花生的植物学分类

花生在植物分类学上属双子叶植物纲（Dicotyledoneae），蔷薇目（Rosales），豆科（Leguminosae），花生属（*Arachis*），为一年生或多年生草本植物。其所有物种均在开花受精后，子房柄迅速延伸，钻入土中，发育成茧状荚果，也称落花生。花生属植物分为9个区组，即花生区组（*Arachis*）、大根区组（*Caulorrhizae*）、直立区组（*Erectoides*）、围脉区组（*Extranervosae*）、异形花区组（*Heteranthae*）、葡萄区组（*Procumbentes*）、根茎区组（*Rhizomatosae*）、三叶区组（*Trierectoides*）和三籽粒区组（*Triseminatae*），包括80个一年生或多年生的二倍体野生种和3个四倍体物种。

栽培种花生（*Arachis hypogaea* L.）来自花生区组，与另一个四倍体野生种*Arachis monticola*的遗传关系非常相近，均为异源四倍体（AABB），推测两者皆由二倍体野生种*Arachis duranensis*（A基因组）与*Arachis ipaensis*（B基因组）自然杂交和染色体加倍演化而来。依据分枝型及生殖枝与营养枝的着生方式，可将栽培种分为两个“亚种”（subspecies），即密枝亚种（subsp. *hypogaea*）和疏枝亚种（subsp. *fastigiata*），每个亚种又分为两个“变种”（variety），前者包括密枝变种（var. *hypogaea*）和茸毛变种（var. *hirsuta*），后者包括疏枝变种（var. *fastigiata*）和珠豆变种（var. *vulgaris*）。花生属的分类以及花生栽培种与野生种的亲缘关系研究，对把野生种优良基因转移到花生栽培种中，有效拓宽花生栽培种遗传基础具有重要的意义。

2　栽培种花生的起源与传播

花生起源于南美洲大陆中部，以玻利维亚和巴拉圭为中心，向周边的秘鲁、巴西、危地马拉、阿根廷、乌拉圭等地扩散传播。在秘鲁沿海史前废墟中存在着大量的古代花生的考古学证据，出土的最早花生化石约在公元前3000—前2000年。野外考察也发现，从巴西北部海岸至安第斯山山麓，从拉普拉它河南岸至亚马孙河流域，约259.0万km^2的地区分布着大量的花生属野生种群，其中66%集中在巴西，至今还是当地放牧牛羊的主要饲料。也有大量的史料记载了巴西和秘鲁的印第安人很早就开始种植和驯化栽培种花生的过程。自1492年哥伦布发现美洲新大陆以后，原产于南美洲的花生开始逐渐传播到世界各地。目前，在南纬40°至北纬40°之间的广大地区均有种植，主要集中在南亚和非洲的半干旱热带地区以及东亚和美洲的温带半湿润季风带地区，主产国有印度、中国、美国、印度尼西亚、塞内加尔、苏丹、尼日利亚、巴西、扎伊尔和阿根廷等。栽培种花生从南美洲传播至世界各地的过程中，由于地理隔离和自然异交而产生了许多品种类群，形成了多样性极为丰富的种质资源，目前全世界收集保存的花生种质数量已超过4万份。

栽培种花生传入中国有小花生和大花生两种，小花生大约于15世纪末传入马来群岛，经海上贸易引种至我国的江浙闽粤沿海地区，随后渐移至长江流域一带，17世纪以后在安徽、江西、云南等地规模化种植，19世纪向北推广至山东、山西、河南、河北等黄河流域地区。大花生则在19世纪中后期，首先引种至山东的蓬莱、平度一带，随即呈扇形向西、南、北方向传播，亦称“洋花生”。花生在我国已经有几百年的栽培历史，分布非常广泛，南起海南岛，北至黑龙江，东自台湾，西达新疆均有花生种植，横跨了30多个纬度，气候上包括寒带、温带、热带，地势上包括高原、平原和盆地。经过长期的自然选择和人工选择，栽培种花生已在我国形成了相当复杂多样的种质资源，这是进行科学研究和生产实践的宝贵资源。

3 我国花生种质资源概况

我国花生种质资源大规模的收集保存工作始于20世纪50年代初期，到60年代中期共征集到2 800份种质，并评选出一批好的地方品种，在全国各地推广种植，推动了当时花生生产的发展。70年代后期又在全国范围内进行了补充征集，进一步挖掘了中国珍稀的花生资源，还收集到一批人工培育的品种、品系或中间材料，并于1978年编辑出版了《中国花生品种资源目录》。“八五”期间对收集的花生种质的农艺性状、品质性状、抗病性等进行了全面系统的鉴定评价，编写出版了《中国花生品种志》。“九五”期间又从三峡库区（包括四川和湖北）收集到约20份多粒型花生种质及部分龙生型花生种质，并汇编入《中国花生品种资源目录》续编（一）和续编（二）。截至21世纪初共收集到栽培种花生种质资源7 490份，包括从花生产区（地）收集的农家品种、从国内各研究机构征集的原有分散保存的花生地方品种、育种单位培育的新品种（系）、从国外引进的花生品种和资源材料等，其中龙生型花生种质已达368份，使我国成为世界上保存栽培种花生类型最为齐全且拥有龙生型花生种质最多的国家。种质资源的收集、保存为花生品种选育、生物学研究及综合利用提供了物质基础。

4 我国花生种质资源的分类与特征

根据孙大容等（1963）制定的栽培种花生分类原则和方法，我国花生种质分为两个类群（连续开花和交替开花）和4个植物学类型（多粒型、珍珠豆型、龙生型、普通型），同一类型的种质具有相似的形态特征、生物学特性、经济性状和抗性等，对品种资源的归类、品种选育和生产利用均有重要意义。同时，在花生育种实践中由于广泛采用了两大类群做亲本进行杂交，出现了若干在开花或分枝习性上具有两个类群特征的新类型，被划分为“中间型”，由此可将我国花生品种进一步分为5个植物学类型。

4.1 多粒型

目前国家农作物种质库中共保存多粒型花生（var. *fastigiata*）种质768份，占全部种质的10.25%，其中国内种质140份，主要分布于辽宁、黑龙江及山东等北方小花生产区；国外种质628份，主要来自印度ICRISAT、美国等。该类型花生株型直立，茎枝粗壮，中空，髓部大。主茎有花，分枝连续开花，节间较短，一般只有5 ～ 6条分枝，二次分枝较少。苗期和生长中期长势旺，且向上生长；后期由于分枝少而长，植株不规则地倾卧于地面。茎枝上有稀疏的长茸毛，花青素较多，生育后期茎枝大多呈深红色或紫红色。叶片较大，呈椭圆形或长椭圆形，黄绿色为主，叶脉较明显。开花早，花期长，花量大。荚果发育快，充实饱满度高，果腰不明显而多成串珠形，无果嘴，荚果种子粒数以3 ～ 4粒居多。籽仁为小粒或中小粒，表面光滑，呈圆柱形或圆锥体形，有光泽，红色或深红色居多。依种皮色划分为多粒红和多粒白两个品种群。多粒型花生休眠性弱，萌发及生长发育对温度要求低，12℃左右即可。生育期短，多数为100 ～ 120d，适于无霜期短的地区种植。

多粒型花生具有耐寒、早熟避旱、抗叶部病害（叶斑病、锈病等）等优良特性，在花生生产和品种改良中具有重要的价值，但在育种中的有效利用不多，仅有5份种质曾作为育成品种的直接或间接亲本，其中的台山三粒肉、保1717衍生了5个以上品种，是我国花生育种的主要骨干亲本。

4.2 珍珠豆型

珍珠豆型花生（var. *vulgaris*）是我国保存最多的种质资源类型，共有3 225份，占全部种质的43.06%，其中国内种质2 214份，主要集中于湖北、广东、广西、四川、江西、福建、湖南、云南、贵州等地；国外种质1 011份，主要来自印度ICRISAT、美国、巴西、阿根廷、塞内加尔等。该类型花生株型紧凑，直立型。主茎基本连续开花，但分枝少，第一对侧枝基部有潜伏花芽，可形成大量地下花，进行闭花受精。茎枝粗壮，花青素不明显。叶片较大，椭圆形，淡绿色或黄绿色。开花期较短，开花早而集中。荚果发育快，充实饱满度高，茧形或葫芦形，果嘴不明显，缩缢有或较深，脉纹呈网状，较细，果壳薄，荚壳与种子之间的间隙较小，典型荚果以双仁居多。籽仁为小粒或中小粒，表面光滑，桃形或圆锥体形，种皮以浅粉红为主，较薄有光泽。依种皮颜色划分为红珍珠和白珍珠两个品种群。珍珠豆型花生休眠性弱，适合作“倒种春”栽培。种子萌发对温度要求低，一般为12 ～ 15℃。生育期短，多数为120 ～ 130d，属早熟品种类型。

珍珠豆型花生具有早熟、耐寒、抗旱、耐酸性土壤等优良特性，从我国现已育成品种的亲本来源看，直接或间接以珍珠豆型种质为亲本的共有242个，成为五大类型种质中利用率最高的类型。如著名的山东种质伏花生，其衍生品种高达161个；广东的狮头企，衍生品种有52个；湖北的协抗青，以其为亲本育成了一系列抗病品种或中间材料；还有广东的勾鼻和番鬼豆、福建的越南豆和中琉球、江苏的油果等。这些都是我国花生育种的主要骨干亲本。

4.3 龙生型花生

我国是世界上拥有龙生型花生（var. *hirsute*）种质最多的国家，共368份，其中357份为我国特有，以广西、四川、江西等省份较多。龙生型花生是我国栽培的最古老的花生类型，属于密枝亚种茸毛变种，种植范围广，形成了丰富的性状变异，使我国逐渐成为茸毛变种的次生中心。该类型花生均蔓生，根系发达，主茎无花，分枝上交替开花，且分枝很多、细长。茎枝健壮，有花青素。叶片倒卵形或宽倒卵形，叶色深绿，较厚且有蜡质。茎枝和叶片上均披有长而密的茸毛，受阳光反射时呈灰绿色。开花较晚，花期较长，单株花量大，可达400朵以上，开花结实分散。荚果细长而弯曲，龙骨和缩缢明显，果嘴尖而弯，荚壳薄，脉纹深而明显，每荚含籽仁2～4粒。果针脆弱，成熟时荚果易遗落土中。籽仁圆锥形居多，种皮暗褐色或有花斑，微皱，无光泽。根据荚果形状、荚壳网纹特征、每荚籽仁粒数和种皮色，可分为大龙生型、小龙生型和花龙生型3个品种群。种子休眠性强，发芽要求温度稍高，一般为15～18℃。多为中晚熟或晚熟种，生育期150d左右。

龙生型花生具有耐旱、耐瘠的优点，在华北的一些干旱或飞沙地区有过大规模的种植，如河南的杞县阳固大洋花生、睢县尚屯二洋、东明集小花生等。南方亦有广泛种植，如广西都安阂山、隆林等地的都安种、鸡屎花生、都保花生等都是较古老的栽培种。又如北海市涠洲岛收集的涠洲岛小花生、海南花生，适宜在沿海滩涂种植。另外，龙生型花生还有抗叶部病害及细菌、真菌类病害的特性，如抗叶锈病的阂中大麻壳和罗江鸡窝，抗早斑病的金堂深窝子、德阳陕花生、中型迟和小梅州等，抗青枯病的八月豆、中型迟、鸳鸯种、临桂麻壳子和来宾三鞘豆等，抗线虫种质广西苍梧大花生、全州凤凰花生、龙南八月直丝花生和艾豆等。

龙生型花生由于其性状上的特殊性，与其他类型花生杂交很难稳定，在育种上的利用很少。比较有名的如罗江鸡窝，作为直接或间接亲本已选育出20多个花生品种，是我国花生育种的主要骨干亲本。1955—1964年，四川南充地区农业科学研究所通过农家品种整理，评选出金堂深窝优良种质，以其为亲本育成新品种多伏熊，并衍生出一系列优良品系，如著名的天府4号。这些品种均在后来的育种实践中被加以利用。

4.4 普通型花生

在国家农作物种质库中，普通型花生（var. *hypogaea*）种质保存数量仅次于珍珠豆型，共2 657份，占全部种质的35.47%，其中国内种质1 466份，国外种质1 191份。国内种质大多分布于河北、山东、江苏、河南、安徽等省。该类型花生茎枝粗细中等，主茎无花。侧枝较多，能生出第三对侧枝，第一、二对分枝交替开花。小叶为倒卵圆形，中等大小，绿色或深绿色。花凋谢较早，茎枝茸毛和花青素不明显。荚果为普通型，间有葫芦型，一般有果嘴，但不明显，无龙骨。荚壳较厚，缩缢较浅，网纹明显较平滑。荚壳与种子之间有较大的间隙，典型的双仁荚果。籽仁大，椭圆形，种皮光滑，有光泽，多为淡红色。种子休眠期长，种子发芽要求的温度高，最低为18℃。生育期较长，多为150 ~ 180d，为晚熟或极晚熟品种。该类型花生适于水分充足、肥沃的土壤种植。对土壤钙含量要求较高，种植时保证不缺钙，否则易瘪果或空壳。由于生育习性的差异，分为直立型、半蔓型、蔓生型3个品种群，也可将直立型和半蔓型合称为丛生型。从我国花生品种分布区域看，蔓生型分布广泛，而直立型和半蔓型栽培面积较大，尤其是在北方花生产区。

普通型花生由于品质好、产量高、收获省工、种植效益高，成为花生育种的首选亲本来源，其衍生品种有150多个，利用率仅次于珍珠豆型花生。比较著名的如江苏种质沭阳大站秧，衍生品种达37个；山东种质姜格庄半蔓，培育出近20个品种；还有辽宁的熊岳立茎(大)、山东的五莲撑破囤和文登大粒墩、江苏的睢宁二窝和佟村站秧、河南的开封一撮秧、北京的北京大花生等，构成了我国花生育种的主要骨干亲本。

4.5 中间型花生

中间型种质是由育种工作者利用亚种间杂交而产生的不同于上述四种类型的花生，国外称这种类型花生为“不规则型”。中间型花生在营养枝和生殖枝的排列上兼有两个亚种的某些特性，如植株主茎上着生花序，同时分枝上交替开花；植株主茎上不着生花序，但分枝上连续开花。由于亲本遗传背景的差异，也有一些不规则的开花方式存在，在后续世代中经常出现分离现象，类似的现象在其他生物学性状上同样存在，使得该类型花生在植物学分类上不太稳定。目前收集的种质全部为人工改良的中间材料或育成品种，共有472份，其中国内种质461份，国外种质11份，全部来自育种单位。

该类型花生株型直立或直立丛生，分枝较少，一般10 ~ 13条。第一次分枝基部常着生1 ~ 2条二次分枝，在二次分枝基部多形成花序，开花量大，下针多，结荚集中。叶片形态复杂，有椭圆形、长椭圆形，间有倒卵形，叶色深绿和绿色。荚果为普通型，间有葫芦型，中大果。果壳较厚，网纹较浅，果嘴不明显，多为双仁果。籽仁椭圆形或扁椭圆形，种皮粉红色，有光泽，少数品种种皮有裂纹。种子休眠性中等，生育期较短，多为135 ~ 145d，较普通型花生早。丰产性能好，适应性较强，现阶段获得高产丰产的多为该类型品种，如鲁花8号、鲁花11、鲁花14、花育16、花育17、花育22、79266、93-1、潍花6号、冀花2号、豫花5号、天府14等，颇受种植农户欢迎。

5 中国花生地方品种骨干种质

澳大利亚学者Frankel最早于1984年提出了核心种质（Core Collection）的概念，并与Brown（1989）将其进一步发展，即从整个种质资源中选取最小量的资源样本，能最大程度地代表整个资源的遗传多样性。核心种质或骨干种质的构建为种质资源的深入评价、创新利用及基因挖掘开拓了新的途径，极大地提高了种质的利用效率。

5.1 骨干种质的构建与评价

从2010年开始，山东省花生研究所开展了中国花生地方品种骨干种质的研究。以近3 000份农家种和育成品种为材料，9个农艺性状和4个品质性状的表型数据为基础，按五大植物学类型和七大栽培区域分成26个组。组内采用UPGMA法聚类，类内随机取样，初步评价后补充极值材料和特异材料，构建了由259份资源组成的中国花生地方品种初选骨干种质，占资源总量的9.45%，涵盖全部种质的102个表型变异类型。2013年进一步浓缩形成中国花生地方品种骨干种质，共包含171份种质，占全部种质的6.24%，并对骨干种质的均值、方差、极差、遗传多样性指数、变异系数等进行了评价。

5.2　骨干种质的表型多样性评价

2013—2014年，山东省花生研究所开展了中国花生地方品种的表型多样性研究。结果表明：

（1）植物学类型中，以普通型的变异最为丰富（*CV*=219.26%，*H′* =20.96），其次为龙生型；七大栽培区中，长江流域花生区的遗传多样性最丰富（*CV*=215.27%，*H′* =23.53），其次为黄河流域花生区。

（2）安徽、江苏淮河以北及黄河以南的山东东南、河南东部交界区域为遗传多样性的主要中心（*CV*=234.45%，*H′* =19.70），四川盆地、浙江沿海和广东沿海为次生中心。

（3）PCA分析表明，多粒型种质可能是由珍珠豆型演化而来，中间型种质可能是由普通型种质发展演变而来，龙生型种质与普通型种质的亲缘关系较近。

5.3　骨干种质的遗传多样性评价

2014—2015年，山东省花生研究所开展了中国花生地方品种的遗传多样性研究。结果表明：

（1）139个SSR标记在骨干种质中共检测到1 571个等位变异，单个标记的等位变异数平均为11.08个；*PIC*值（多态性信息量）为0.023 ~ 0.912，平均为0.778，表明骨干种质内存在丰富的DNA多态性。

（2）聚类分析将全部种质划分为三大类群，种质间遗传距离为0.261~0.937，平均为0.805，说明我国花生地方品种种质资源中存在着丰富的遗传变异。

（3）群体遗传结构分析表明，全部材料可划分为3个亚群，亚群间分化系数为0.015 2~0.025 4，平均0.019 5。亚群组成分析发现，亚群划分与材料的地理来源及生长习性无明显关系，而与植物学类型呈一定相关性。

5.4　骨干种质的指纹图谱

2014—2015年，山东省花生研究所开展了中国花生地方品种骨干种质的指纹图谱研究，结果如下：

（1）选取8 份农艺性状差异较大的花生材料进行SSR标记的初步筛选，共得到139个多态性高、条带简单清晰、在基因组中均匀分布的SSR标记。

（2）在139个SSR标记中筛选出pPGPseq2C11、GNB556、Ah2TC11H06、Ah1TC5A06、GM2638、PM308、GNB329、AHS2037共8个标记，可将171份骨干种质完全区分开，每份种质都有各自独特的指纹图谱。

（3）这8个标记共检测出55个多态性位点，每个标记扩增出的等位变异为5 ~ 9个，平均为6.875个；*PIC*值的变化范围为0.784 ~ 0.920，平均为0.849。

花生种质资源调查记载描述规范

Descriptive Stardard for Peanut Germplasm Investigation and Record

2.1 全生育期

从播种到植株叶片落黄、荚果全部成熟的天数。单位为d。

2.2 株型

当70%植株出现鸡头状幼果后，观察主茎与第一对侧枝的夹角，分为直立、半匍匐和匍匐。

（1）直立　第一对侧枝开张夹角≤45°。

（2）半匍匐　第一对侧枝开张夹角在45°～60°。

（3）匍匐　第一对侧枝开张夹角＞60°。

2.3 主茎

2.3.1 茎部颜色　当70%植株出现鸡头状幼果后，对照标准比色板，观察第一对与第二对侧枝节间的主茎表皮颜色，分为紫、浅紫、绿。

2.3.2 茎枝茸毛　当20%植株出现饱果后，观察主茎和第一对侧枝表皮上茸毛长短和稀疏程度，分为密长、密短、中长、中短、稀长、稀短。

2.3.3 茎粗　收获前一周内，随机抽取长势一致的10个单株，用卡尺测量第一对侧枝与第二对侧枝的节间中部的茎直径，计算平均值。单位为mm。

2.3.4 主茎高　收获前一周内，随机抽取长势一致的10个单株，测量从第一对侧枝基部到顶叶节的长度，计算平均值。单位为cm。

2.3.5 主茎节数　收获前一周内，随机抽取长势一致的10个单株，测量从第一对侧枝基部到顶叶节的节间数，计算平均值。单位为个。

2.4 分枝

2.4.1 分枝型　收获前一周内，随机抽取长势一致的10个单株，统计第一对分枝上超过5cm长的次级分枝数，计算平均值，≥12条为密枝型，≤11条为疏枝型。

2.4.2 侧枝长　收获前一周内，随机抽取长势一致的10个单株，测量第一对侧枝中最长一条的长度，即由与主茎连接处到侧枝顶叶节的长度，计算平均值。单位为cm。

2.4.3 总分枝数　收获前一周内，随机抽取长势一致的10个单株，统计长度在5cm以上的侧枝（不含主茎）条数。单位为条。

2.4.4 结果枝数　收获前一周内，随机抽取长势一致的10个单株，测量有效结果枝数（结有饱果的侧枝和主茎），计算平均值。单位为条。

2.5 叶

2.5.1 叶形　当50%的植株下针后，观察第一对侧枝上生长正常的倒三复叶顶端的两片小叶的形状，分为椭圆形、长椭圆形、倒卵形和宽倒卵形。

2.5.2 叶色　当50%的植株下针后，观察第一对侧枝上生长正常的倒三复叶顶端的两片小叶的颜色，分为黄绿、浅绿、绿、深绿、暗绿。

2.5.3 叶片茸毛 当50%的植株下针后，观察第一对侧枝上生长正常的倒三复叶顶端的两片小叶背部和边缘的茸毛，分为无、少、多、极多。

2.5.4 叶片大小 当50%的植株下针后，随机抽取长势一致的10个单株，以第一对侧枝上生长正常的倒三复叶顶端两片小叶为对象，用卡尺测量从基部到叶尖的长度及与主脉垂直的叶面最宽处，计算平均值。分为极大、大、中、较小、小。

2.6 花

2.6.1 开花习性 当50%的植株开花后，观察第一对侧枝上花序的着生位置，分为交替开花和连续开花。

2.6.2 花色 当50%的植株开花后，对照标准比色板，观察已盛开花朵的旗瓣颜色，分为橘黄、黄、浅黄。

2.6.3 果针颜色 当50%的植株开花后，对照标准比色板，观察花生果针的颜色，分为紫、浅紫、绿。

2.7 荚果

2.7.1 荚果大小 晾晒至成熟籽仁种皮呈本色，含水量为8% ~ 10%时，测量10个典型荚果的长度，重复2次，求平均值。单位为cm。

2.7.2 果形 晾晒至成熟籽仁种皮呈本色，含水量为8% ~ 10%时，观察典型荚果的形状，分为普通形、斧头形、葫芦形、蜂腰形、茧形、曲棍形、串珠形。

2.7.3 荚果缩缢 晾晒至成熟籽仁种皮呈本色，含水量为8% ~ 10%时，观察典型荚果的果腰，分为平、浅、中、深。

2.7.4 荚果脉纹 晾晒至成熟籽仁种皮呈本色，含水量为8% ~ 10%时，观察典型荚果的表面网纹，分为无、浅、中、深、极深。

2.7.5 果喙（果嘴） 晾晒至成熟籽仁种皮呈本色，含水量为8% ~ 10%时，观察典型荚果顶端向外突出似鸟喙状的部分，分为无、短、中、锐、极锐。

2.7.6 果壳厚度 晾晒至成熟籽仁种皮呈本色，含水量为8% ~ 10%时，随机抽取10个典型荚果，用卡尺测量荚果后室的厚度，计算平均值。单位为mm。

2.7.7 单/双/多仁果率 晾晒至成熟籽仁种皮呈本色，含水量为8% ~ 10%时，统计出现频率最高的荚果类型的百分率。

2.8 籽仁

2.8.1 种子休眠性 收获时，随机抽取长势一致的10个单株，观测发芽荚果占整株荚果的百分率，分为强、中、弱。

2.8.2 籽仁形状 晾晒至成熟籽仁种皮呈本色，含水量为8% ~ 10%时，观察典型籽仁的形状，分为椭圆形、圆锥形、桃形、三角形、圆锥形。

2.8.3 种皮色 晾晒至成熟籽仁种皮呈本色，含水量为8% ~ 10%时，对照标准比色板，观察籽仁的种皮颜色，分为紫黑、紫、紫红、红、粉红、浅褐、淡黄、白、花。

2.8.4 种皮裂纹 晾晒至成熟籽仁种皮呈本色，含水量为8% ~ 10%时，观察种皮裂纹的轻重，分为重、中、轻、无。

2.8.5 内种皮颜色 晾晒至成熟籽仁种皮呈本色，含水量为8% ~ 10%时，对照标准比色板，观察内种皮颜色，分为紫、橘红、浅黄、白。

2.9 产量

2.9.1 单株结果数 收获时，随机抽取长势一致的10个单株，统计植株上有经济价值的荚果总数，取平均值。单位为个。

2.9.2 饱果率 收获时，随机抽取长势一致的10个单株，统计植株上饱满荚果占有经济价值荚果的百分率，取平均值。

2.9.3 单株生产力 收获时，随机抽取长势一致的10个单株，摘取有经济价值的荚果，晾晒至含水量为8% ~ 10%时，称重，取平均值。单位为g。

2.9.4 百果重 晾晒至成熟籽仁种皮呈本色，含水量为8% ~ 10%时，称取100个典型荚果的重量，重复2次，重复间差异不得大于5%，取平均值。单位为g。

2.9.5 百仁重 晾晒至成熟籽仁种皮呈本色，含水量为8% ~ 10%时，称取100个典型籽仁的重量，重复2次，重复间差异不得大于5%，取平均值。单位为g。

2.9.6 出仁率 晾晒至成熟籽仁种皮呈本色，含水量为8% ~ 10%时，称取500g荚果及其籽仁重量，求百分率，重复2次，重复间差异不得大于5%，取平均值。

2.10 品质

晾晒至成熟籽仁种皮呈本色，含水量为8% ~ 10%时，测定粗脂肪、粗蛋白、油酸和亚油酸含量。

2.11 抗逆性

2.11.1 耐涝性 分为强1，中3，弱5。

2.11.2 抗旱性 分为强1，中3，弱5。

2.12 抗病虫性

2.12.1 青枯病 分为免疫1，高抗3，中抗5，中感7，高感9。

2.12.2 病毒病 分为免疫1，高抗3，中抗5，中感7，高感9。

2.12.3 叶斑病 分为免疫1，高抗3，中抗5，中感7，高感9。

2.12.4 早斑病 分为免疫1，高抗3，中抗5，中感7，高感9。

2.12.5 锈病 分为免疫1，高抗3，中抗5，中感7，高感9。

中国花生
地方品种骨干种质

Key Germplasm of Chinese Peanut Landraces

抚 宁 多 粒

（国家库统一编号：Zh.h 0003）

抚宁多粒为河北抚宁区农家品种，龙生型。

【特征特性】 株型半匍匐，密枝，交替开花。主茎高30.0cm，侧枝长50.9cm，总分枝数32.9条，结果枝数9.5条，主茎节数17.8个。茎粗7.3mm，茎部花青素较多，呈紫色，茎枝茸毛密长。小叶倒卵形，绿色，叶小，叶片茸毛少。花冠橘黄色，果针紫色。单株结果数13.4个，饱果率82.1%，单株生产力13.3g。荚果普通形，网纹深，缩缢中，果嘴锐。以双仁果为主，双仁果率76.9%。荚果中等大小，果长3.3cm，果壳厚0.8mm。籽仁椭圆形或圆锥形，无裂纹，种皮粉红色，内种皮橘红色。百果重116.5g，百仁重50.6g，出仁率71.7%。全生育期140d。

【休眠性】 中。

【品质成分】 粗脂肪含量51.6%，粗蛋白含量31.6%，油酸含量42.3%，亚油酸含量38.1%，O/L为1.11。

【抗逆性】 耐涝性和抗旱性均强。

【抗病性】 无青枯病和锈病发生，高抗叶斑病，高感病毒病。

【指纹图谱】

pPGPseq2C11	GNB556	Ah2TC11H06	Ah1TC5A06	GM2638	PM308	GNB329	AHS2037
385bp	56bp	210bp	176bp	57bp	78bp	208bp	327bp

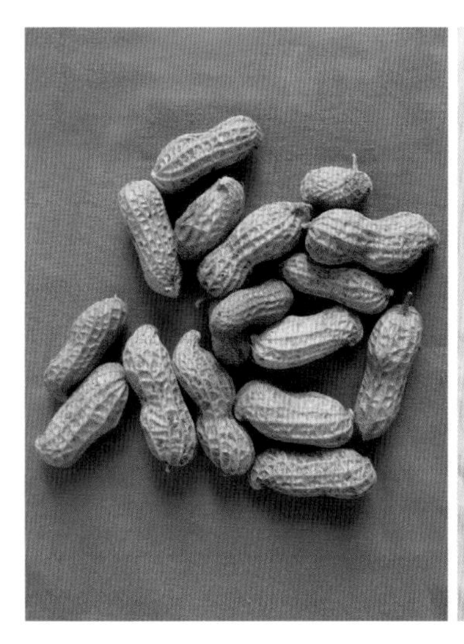

蓬莱小粒花生

（国家库统一编号：Zh.h 0008）

蓬莱小粒花生为山东蓬莱市农家品种，珍珠豆型。

【特征特性】 株型直立，疏枝，连续开花。主茎高43.7cm，侧枝长50.8cm，总分枝数15.6条，结果枝数7.0条，主茎节数18.7个。茎粗7.2mm，茎部无花青素，呈绿色，茎枝茸毛密短。小叶长椭圆形，绿色，叶大，叶片茸毛极多。花冠黄色，果针浅紫色。单株结果数33.0个，饱果率80.9%，单株生产力22.5g。荚果葫芦形，网纹中，缩缢深，果嘴短钝。以双仁果为主，双仁果率80.9%。荚果小，果长2.3cm，果壳厚1.1mm。籽仁桃形，无裂纹，种皮粉红色，内种皮白色。百果重96.7g，百仁重41.8g，出仁率75.0%。全生育期130d。

【休眠性】 强。

【品质成分】 粗脂肪含量52.3%，粗蛋白含量31.6%，油酸含量43.2%，亚油酸含量36.8%，O/L为1.18。

【抗逆性】 耐涝性和抗旱性弱。

【抗病性】 无青枯病发生，高感病毒病、叶斑病和锈病。

【指纹图谱】

pPGPseq2C11	GNB556	Ah2TC11H06	Ah1TC5A06	GM2638	PM308	GNB329	AHS2037
385bp	71bp	210bp	188bp	55bp	80bp	223bp	312bp

即墨小红花生

（国家库统一编号：Zh.h 0024）

即墨小红花生为山东即墨市农家品种，多粒型。

【特征特性】株型直立，疏枝，连续开花。主茎高45.9cm，侧枝长54.5cm，总分枝数14.1条，结果枝数6.7条，主茎节数19.7个。茎粗8.1mm，茎部花青素少量，呈浅紫色，茎枝茸毛稀长。小叶椭圆形，浅绿色，叶极大，叶片茸毛极多。花冠橘黄色，果针浅紫色。单株结果数21.4个，饱果率72.0%，单株生产力25.4g。荚果串珠形，网纹浅，缩缢浅，果嘴短钝。以三仁果为主，三仁果率49.6%。荚果中等大小，果长3.6cm，果壳厚1.6mm。籽仁椭圆形或圆锥形，无裂纹，种皮红色，内种皮紫色。百果重180.5g，百仁重48.0g，出仁率68.8%。全生育期120d。

【休眠性】弱。

【品质成分】粗脂肪含量50.7%，粗蛋白含量32.3%，油酸含量43.0%，亚油酸含量37.6%，O/L为1.14。

【抗逆性】耐涝性和抗旱性均弱。

【抗病性】无青枯病发生，中抗叶斑病和锈病，高感病毒病。

【指纹图谱】

pPGPseq2C11	GNB556	Ah2TC11H06	Ah1TC5A06	GM2638	PM308	GNB329	AHS2037
461bp	68bp	142bp	168bp	57bp	80bp	238bp	327bp

红膜七十日早

（国家库统一编号：Zh.h 0033）

红膜七十日早为福建龙岩市农家品种，龙生型。

【特征特性】 株型半匍匐，密枝，交替开花。主茎高27.5cm，侧枝长47.8cm，总分枝数24.7条，结果枝数7.3条，主茎节数13.9个。茎粗7.3mm，茎部花青素较多，呈紫色，茎枝茸毛密长。小叶宽倒卵形，绿色，叶中等大小，叶片茸毛少。花冠黄色，果针紫色。单株结果数23.6个，饱果率84.7%，单株生产力27.2g。荚果曲棍形，网纹深，缩缢浅，果嘴中。以三仁果为主，三仁果率56.5%，荚果大，果长3.8cm，果壳厚1.5mm。籽仁椭圆形或三角形，无裂纹，种皮粉红色，内种皮橘红色。百果重172.7g，百仁重49.3g，出仁率60.2%。全生育期145d。

【休眠性】 强。

【品质成分】 粗脂肪含量49.2%，粗蛋白含量31.4%，油酸含量49.1%，亚油酸含量32.7%，O/L为1.50。

【抗逆性】 耐涝性和抗旱性均弱。

【抗病性】 无青枯病和病毒病发生，中抗叶斑病和锈病。

【指纹图谱】

pPGPseq2C11	GNB556	Ah2TC11H06	Ah1TC5A06	GM2638	PM308	GNB329	AHS2037
439bp	62bp	168bp	180bp	65bp	80bp	220bp	315bp

新 宾 红 粒

（国家库统一编号：Zh.h 0041）

新宾红粒为辽宁新宾县农家品种，珍珠豆型。

【特征特性】 株型直立，疏枝，连续开花。主茎高43.9cm，侧枝长46.4cm，总分枝数12.9条，结果枝数4.5条，主茎节数18.7个。茎粗7.9mm，茎部花青素微量，呈绿色，茎枝茸毛密短。小叶长椭圆形，绿色，叶大，叶片茸毛多。花冠黄色，果针紫色。单株结果数22.3个，饱果率91.9%，单株生产力20.5g。荚果茧形，网纹浅，缩缢中，果嘴短钝。以双仁果为主，双仁果率82.7%。荚果小，果长2.4cm，果壳厚1.1mm。籽仁桃形，无裂纹，种皮紫红色，内种皮白色。百果重106.2g，百仁重41.9g，出仁率69.1%。全生育期130d。

【休眠性】 强。

【品质成分】 粗脂肪含量53.4%，粗蛋白含量30.0%，油酸含量43.5%，亚油酸含量36.8%，O/L为1.18。

【抗逆性】 耐涝性弱，抗旱性强。

【抗病性】 无青枯病、病毒病和叶斑病发生，高感锈病。

【指纹图谱】

pPGPseq2C11	GNB556	Ah2TC11H06	Ah1TC5A06	GM2638	PM308	GNB329	AHS2037
385bp	71bp	210bp	176bp	55bp	80bp	220bp	312bp

法库四粒红

（国家库统一编号：Zh.h 0042）

法库四粒红为辽宁法库县农家品种，多粒型。

【特征特性】 株型直立，疏枝，连续开花。主茎高47.9cm，侧枝长57.5cm，总分枝数11.3条，结果枝数6.5条，主茎节数20.3个。茎粗7.2mm，茎部花青素少量，呈浅紫色，茎枝茸毛稀长。小叶倒卵形，浅绿色，叶大，叶片茸毛极多。花冠橘黄色，果针紫色。单株结果数23.1个，饱果率91.6%，单株生产力33.9g。荚果串珠形，网纹浅，缩缢浅，果嘴短钝。以三仁果为主，三仁果率58.9%。荚果大，果长3.8cm，果壳厚1.6mm。籽仁椭圆形或桃形，无裂纹，种皮红色，内种皮浅黄色。百果重199.2g，百仁重52.6g，出仁率71.8%。全生育期120d。

【休眠性】 弱。

【品质成分】 粗脂肪含量56.4%，粗蛋白含量32.3%，油酸含量42.9%，亚油酸含量38.4%，O/L为1.12。

【抗逆性】 耐涝性和抗旱性均弱。

【抗病性】 无青枯病发生，高抗病毒病，中抗叶斑病，高感锈病。

【指纹图谱】

pPGPseq2C11	GNB556	Ah2TC11H06	Ah1TC5A06	GM2638	PM308	GNB329	AHS2037
403bp	56/71bp	132bp	188bp	55bp	86bp	232bp	327bp

莒南小白仁

（国家库统一编号：Zh.h 0062）

莒南小白仁为山东莒南县农家品种，普通型。

【特征特性】株型匍匐，密枝，交替开花。主茎高32.7cm，侧枝长39.1cm，总分枝数26.5条，结果枝数8.7条，主茎节数15.1个。茎粗6.7mm，茎部无花青素，呈绿色，茎枝茸毛稀短。小叶椭圆形，绿色，叶中等大小，叶片茸毛多。花冠浅黄色，果针紫色。单株结果数17.1个，饱果率76.6%，单株生产力22.2g。荚果普通形，网纹中，缩缢中，果嘴短钝。以双仁果为主，双仁果率71.0%，荚果大，果长4.0cm，果壳厚1.5mm。籽仁椭圆形，裂纹中，种皮粉红色，内种皮橘红色。百果重206.3g，百仁重81.2g，出仁率57.4%。全生育期133d。

【休眠性】强。

【品质成分】粗脂肪含量54.5%，粗蛋白含量29.1%，油酸含量44.1%，亚油酸含量36.7%，O/L为1.20。

【抗逆性】耐涝性中，抗旱性弱。

【抗病性】无青枯病、锈病发生，高抗叶斑病，高感病毒病。

【指纹图谱】

pPGPseq2C11	GNB556	Ah2TC11H06	Ah1TC5A06	GM2638	PM308	GNB329	AHS2037
439bp	56bp	202bp	168bp	55bp	80bp	214bp	327bp

伏　花　生

（国家库统一编号Zh.h 0082）

花生为山东省福山县农家品种，珍珠豆型。

【特征特性】 株型直立，疏枝，连续开花。主茎高23.7cm，侧枝长40.0cm，总分枝数11.3条，结果枝数7.3条，主茎节数11.7个。茎粗4.1mm，茎部花青素微量，呈绿色，茎枝茸毛稀短。小叶椭圆形，绿色，叶中等大小，叶片茸毛少。花冠橘黄色，果针浅紫色。单株结果数14.0个，饱果率54.8%，单株生产力20.7g。荚果茧形，网纹中，缩缢中等，果嘴锐。以双仁果为主，双仁果率68.1%，荚果中等大小，果长3.9cm，果壳厚1.2mm。籽仁椭圆形，无裂纹，种皮粉红色，内种皮浅黄色。百果重181.9g，百仁重78.4g，出仁率75.8%。全生育期133d。

【休眠性】 强。

【品质成分】 粗脂肪含量54.7%，粗蛋白含量25.3%，油酸含量40.2%，亚油酸含量35.9%，O/L为1.12。

【抗逆性】 耐涝性和抗旱性均强。

【抗病性】 无锈病和病毒病发生，高感叶斑病和青枯病。

【指纹图谱】

pPGPseq2C11	GNB556	Ah2TC11H06	Ah1TC5A06	GM2638	PM308	GNB329	AHS2037
450	56	168	180	55	80	223	327

赣榆小站秧

(国家库统一编号：Zh.h 0099)

赣榆小站秧为江苏赣榆区农家品种，多粒型。

【特征特性】株型直立，疏枝，连续开花。主茎高43.7cm，侧枝长54.3cm，总分枝数21.0条，结果枝数4.5条，主茎节数19.3个。茎粗7.9mm，茎部花青素少量，呈浅紫色，茎枝茸毛稀长。小叶椭圆形，黄绿色，叶大，叶片茸毛多。花冠黄色，果针紫色。单株结果数14.4个，饱果率84.3%，单株生产力17.9g。荚果串珠形，网纹浅，缩缢浅，果嘴无。以三仁果为主，三仁果率74.8%。荚果大，果长3.8cm，果壳厚1.5mm。籽仁椭圆形，无裂纹，种皮紫红色，内种皮浅黄色。百果重175.7g，百仁重47.6g，出仁率69.6%。全生育期126d。

【休眠性】弱。

【品质成分】粗脂肪含量52.7%，粗蛋白含量29.1%，油酸含量48.4%，亚油酸含量33.0%，O/L为1.47。

【抗逆性】耐涝性和抗旱性均弱。

【抗病性】无青枯病和病毒病发生，高感锈病，高抗叶斑病。

【指纹图谱】

pPGPseq2C11	GNB556	Ah2TC11H06	Ah1TC5A06	GM2638	PM308	GNB329	AHS2037
439bp	62bp	182bp	172bp	55bp	80bp	235bp	312bp

启东赤豆花生

（国家库统一编号：Zh.h 0102）

启东赤豆花生为江苏启东市农家品种，龙生型。

【特征特性】株型匍匐，密枝，交替开花。主茎高30.7cm，侧枝长46.5cm，总分枝数24.7条，结果枝数7.9条，主茎节数17.5个。茎粗6.5mm，茎部花青素少量，呈浅紫色，茎枝茸毛密长。小叶宽倒卵形，深绿色，叶大，叶片茸毛少。花冠黄色，果针浅紫色。单株结果数21.2个，饱果率77.4%，单株生产力23.3g。荚果普通形或曲棍形，网纹深，缩缢中，果嘴中。以三仁果为主，三仁果率57.0%。荚果大，果长3.9cm，果壳厚1.2mm。籽仁椭圆形为主，无裂纹，种皮粉红色，内种皮橘红色。百果重154.1g，百仁重59.6g，出仁率69.2%。全生育期140d。

【休眠性】强。

【品质成分】粗脂肪含量51.8%，粗蛋白含量28.6%，油酸含量45.9%，亚油酸含量34.6%，O/L为1.32。

【抗逆性】耐涝性弱，抗旱性强。

【抗病性】无青枯病和锈病发生，高抗叶斑病，中感病毒病。

【指纹图谱】

pPGPseq2C11	GNB556	Ah2TC11H06	Ah1TC5A06	GM2638	PM308	GNB329	AHS2037
439bp	56bp	168bp	188bp	55bp	82bp	220bp	327bp

涡 阳 站 秧

（国家库统一编号：Zh.h 0125）

涡阳站秧为安徽涡阳县农家品种，普通型。

【特征特性】株型半匍匐，密枝，交替开花。主茎高28.5cm，侧枝长53.3cm，总分枝数25.0条，结果枝数7.4条，主茎节数17.7个。茎粗6.1mm，茎部无花青素，呈绿色，茎枝茸毛密短。小叶椭圆形，绿色，叶较小，叶片茸毛多。花冠黄色，果针紫色。单株结果数16.7个，饱果率65.2%，单株生产力18.9g。荚果普通形，网纹深，缩缢中，果嘴短钝。以双仁果为主，双仁果率78.9%。荚果中等大小，果长3.6cm，果壳厚1.3mm。籽仁椭圆形或圆锥形，无裂纹，种皮粉红色，内种皮橘红色。百果重180.7g，百仁重76.0g，出仁率72.4%。全生育期130d。

【休眠性】强。

【品质成分】粗脂肪含量53.5%，粗蛋白含量29.8%，油酸含量45.2%，亚油酸含量35.3%，O/L为1.28。

【抗逆性】耐涝性弱，抗旱性中。

【抗病性】无青枯病、病毒病、叶斑病和锈病发生。

【指纹图谱】

pPGPseq2C11	GNB556	Ah2TC11H06	Ah1TC5A06	GM2638	PM308	GNB329	AHS2037
439bp	62bp	182bp	180bp	57bp	78bp	238bp	327bp

滁县二秧子

（国家库统一编号：Zh.h 0127）

滁县二秧子为安徽滁县农家品种，普通型。

【特征特性】株型匍匐，密枝，交替开花。主茎高25.2cm，侧枝长44.0cm，总分枝数22.9条，结果枝数4.2条，主茎节数16.0个。茎粗5.8mm，茎部无花青素，呈绿色，茎枝茸毛密短。小叶椭圆形，浅绿色，叶较小，叶片茸毛极多。花冠黄色，果针浅紫色。单株结果数12.1个，饱果率78.6%，单株生产力10.7g。荚果普通形或斧头形，网纹中，缩缢深，果嘴短。以双仁果为主，双仁果率69.8%。荚果中等大小，果长3.3cm，果壳厚0.9mm。籽仁椭圆形，无裂纹，种皮粉红色，内种皮橘红色。百果重105.5g，百仁重46.8g，出仁率40.7%。全生育期130d。

【休眠性】强。

【品质成分】粗脂肪含量52.8%，粗蛋白含量29.4%，油酸含量52.5%，亚油酸含量29.1%，O/L为1.81。

【抗逆性】耐涝性中，抗旱性弱。

【抗病性】中抗青枯病，无锈病、病毒病和叶斑病发生。

【指纹图谱】

pPGPseq2C11	GNB556	Ah2TC11H06	Ah1TC5A06	GM2638	PM308	GNB329	AHS2037
439bp	77bp	182bp	192bp	73bp	82bp	214bp	312bp

强 盗 花 生

（国家库统一编号：Zh.h 0162）

强盗花生为江西余干县农家品种，珍珠豆型。

【特征特性】株型直立，疏枝，连续开花。主茎高41.5cm，侧枝长49.2cm，总分枝数13.0条，结果枝数5.6条，主茎节数16.7个。茎粗7.1mm，茎部无花青素，呈绿色，茎枝茸毛密短。小叶长椭圆形，黄绿色，叶大，叶片茸毛极多。花冠黄色，果针浅紫色。单株结果数23.1个，饱果率85.7%，单株生产力23.7g。荚果茧形，网纹浅，缩缢浅，果嘴短钝。以双仁果为主，双仁果率82.0%。荚果中等大小，果长2.9cm，果壳厚1.6mm。籽仁桃形或三角形，无裂纹，种皮粉红色，内种皮浅黄色。百果重136.7g，百仁重54.2g，出仁率70.9%。全生育期125d。

【休眠性】强。

【品质成分】粗脂肪含量54.2%，粗蛋白含量31.1%，油酸含量43.2%，亚油酸含量36.5%，O/L为1.18。

【抗逆性】耐涝性中，抗旱性弱。

【抗病性】无青枯病发生，高感病毒病和锈病，中感叶斑病。

【指纹图谱】

pPGPseq2C11	GNB556	Ah2TC11H06	Ah1TC5A06	GM2638	PM308	GNB329	AHS2037
403bp	56bp	182bp	188bp	55bp	82bp	220bp	327bp

百 日 子

（国家库统一编号：Zh.h 0378）

百日子为福建永定区农家品种，龙生型。

【特征特性】株型半匍匐，密枝，交替开花。主茎高31.9cm，侧枝长43.9cm，总分枝数19.5条，结果枝数9.7条，主茎节数17.1个。茎粗7.1mm，茎部花青素少量，呈浅紫色，茎枝茸毛密长。小叶倒卵形，深绿色，叶中等大小，叶片茸毛多。花冠橘黄色，果针浅紫色。单株结果数25.8个，饱果率84.8%，单株生产力30.8g。荚果曲棍形，网纹深，缩缢中，果嘴锐。以三仁果为主，三仁果率61.6%。荚果大，果长3.8cm，果壳厚1.3mm。籽仁三角形或椭圆形，无裂纹，种皮浅褐色，内种皮橘红色。百果重165.4g，百仁重43.9g，出仁率65.4%。全生育期140d。

【休眠性】强。

【品质成分】粗脂肪含量51.5%，粗蛋白含量31.2%，油酸含量43.9%，亚油酸含量36.2%，O/L为1.21。

【抗逆性】耐涝性弱，抗旱性强。

【抗病性】无青枯病、锈病和病毒病发生，中抗叶斑病。

【指纹图谱】

pPGPseq2C11	GNB556	Ah2TC11H06	Ah1TC5A06	GM2638	PM308	GNB329	AHS2037
403bp	62bp	210bp	168bp	57bp	78bp	238bp	327bp

石龙红花生

(国家库统一编号：Zh.h 0417)

石龙红花生为广西象州县农家品种，珍珠豆型。

【特征特性】株型直立，疏枝，连续开花。主茎高40.9cm，侧枝长49.9cm，总分枝数15.5条，结果枝数7.8条，主茎节数19.5个。茎粗7.6mm，茎部无花青素，呈绿色，茎枝茸毛密短。小叶椭圆形，深绿色，叶大，叶片茸毛多。花冠黄色，果针紫色。单株结果数34.0个，饱果率81.6%，单株生产力23.5g。荚果葫芦形，网纹浅，缩缢深，果嘴短钝。以双仁果为主，双仁果率86.0%。荚果小，果长2.3cm，果壳厚1.1mm。籽仁桃形，无裂纹，种皮粉红色，内种皮浅黄色。百果重89.3g，百仁重45.4g，出仁率77.0%。全生育期120d。

【休眠性】强。

【品质成分】粗脂肪含量52.4%，粗蛋白含量31.9%，油酸含量41.8%，亚油酸含量38.4%，O/L为1.09。

【抗逆性】耐涝性弱，抗旱性强。

【抗病性】无青枯病、病毒病发生，中抗锈病，高感叶斑病。

【指纹图谱】

pPGPseq2C11	GNB556	Ah2TC11H06	Ah1TC5A06	GM2638	PM308	GNB329	AHS2037
439bp	56bp	182bp	172bp	57bp	78bp	220bp	327bp

蒲 庙 花 生

（国家库统一编号：Zh.h 0436）

蒲庙花生为广西邕宁区农家品种，珍珠豆型。

【特征特性】 株型直立，疏枝，连续开花。主茎高43.6cm，侧枝长50.9cm，总分枝数13.1条，结果枝数6.3条，主茎节数20.0个。茎粗7.4mm，茎部无花青素，呈绿色，茎枝茸毛稀短。小叶椭圆形，绿色，叶极大，叶片茸毛多。花冠黄色，果针浅紫色。单株结果数33.1个，饱果率77.4%，单株生产力29.4g。荚果葫芦形或茧形，网纹中，缩缢深，果嘴无。以双仁果为主，双仁果率86.2%。荚果小，果长2.5cm，果壳厚1.5mm。籽仁桃形，无裂纹，种皮粉红色，内种皮白色。百果重122.8g，百仁重51.2g，出仁率70.1%。全生育期120d。

【休眠性】 强。

【品质成分】 粗脂肪含量52.0%，粗蛋白含量31.6%，油酸含量42.4%，亚油酸含量37.4%，O/L为1.13。

【抗逆性】 耐涝性和抗旱性均弱。

【抗病性】 无锈病发生，高抗青枯病，高感病毒病和叶斑病。

【指纹图谱】

pPGPseq2C11	GNB556	Ah2TC11H06	Ah1TC5A06	GM2638	PM308	GNB329	AHS2037
439bp	77bp	202bp	188bp	63bp	64bp	208bp	312bp

扶 绥 花 生

（国家库统一编号：Zh.h 0441）

扶绥花生为广西扶绥县农家品种，龙生型。

【特征特性】株型半匍匐，密枝，交替开花。主茎高26.1cm，侧枝长46.3cm，总分枝数23.6条，结果枝数6.9条，主茎节数15.4个。茎粗6.9mm，茎部花青素较多，呈紫色，茎枝茸毛密长。小叶倒卵形，深绿色，叶中等大小，叶片茸毛多。花冠黄色，果针紫色。单株结果数13.5个，饱果率70.4%，单株生产力15.0g。荚果曲棍形，网纹深，缩缢浅，果嘴极锐。以三仁果为主，三仁果率60.0%。荚果中，果长3.4cm，果壳厚1.1mm。籽仁椭圆形或三角形，无裂纹，种皮浅褐色，内种皮橘红色。百果重188.3g，百仁重55.6g，出仁率64.3%。全生育期145d。

【休眠性】强。

【品质成分】粗脂肪含量53.3%，粗蛋白含量29.4%，油酸含量45.1%，亚油酸含量35.4%，O/L为1.28。

【抗逆性】耐涝性弱，抗旱性强。

【抗病性】无青枯病、叶斑病和病毒病发生，中抗锈病。

【指纹图谱】

pPGPseq2C11	GNB556	Ah2TC11H06	Ah1TC5A06	GM2638	PM308	GNB329	AHS2037
439bp	56bp	142bp	168bp	55bp	80bp	220bp	327bp

睦屋拔豆

（国家库统一编号：Zh.h 0477）

睦屋拔豆为广西灵山县农家品种，龙生型。

【特征特性】株型半匍匐，密枝，交替开花。主茎高38.3cm，侧枝长55.3cm，总分枝数18.6条，结果枝数4.5条，主茎节数19.8个。茎粗6.5mm，茎部花青素少量，呈浅紫色，茎枝茸毛密长。小叶椭圆形，绿色，叶中等大小，叶片茸毛少。花冠橘黄色，果针紫色。单株结果数11.5个，饱果率77.9%，单株生产力13.9g。荚果曲棍形，网纹深，缩缢浅，果嘴短。以三仁果为主，三仁果率46.2%，荚果大，果长4.1cm，果壳厚1.6mm。籽仁椭圆形或三角形，无裂纹，种皮粉红色，内种皮橘红色。百果重197.6g，百仁重60.3g，出仁率63.9%。全生育期145d。

【休眠性】强。

【品质成分】粗脂肪含量54.1%，粗蛋白含量30.2%，油酸含量46.3%，亚油酸含量34.4%，O/L为1.35。

【抗逆性】耐涝性弱，抗旱性强。

【抗病性】无青枯病发生，高感病毒病，中抗叶斑病和锈病。

【指纹图谱】

pPGPseq2C11	GNB556	Ah2TC11H06	Ah1TC5A06	GM2638	PM308	GNB329	AHS2037
403bp	56bp	202bp	188bp	57bp	82bp	223bp	327bp

三　伏

（国家库统一编号：Zh.h 0481）

三伏花生为广西南宁市农家品种，珍珠豆型。

【特征特性】株型直立，疏枝，连续开花。主茎高40.9cm，侧枝长48.3cm，总分枝数11.9条，结果枝数6.7条，主茎节数18.0个。茎粗7.6mm，茎部花青素少量，呈浅紫色，茎枝茸毛稀短。小叶椭圆形，黄绿色，叶大，叶片茸毛多。花冠黄色，果针浅紫色。单株结果数24.1个，饱果率90.9%，单株生产力23.4g。荚果茧形或葫芦形，网纹中，缩缢中，果嘴无。以双仁果为主，双仁果率91.9%，荚果小，果长2.7cm，果壳厚1.6mm。籽仁桃形，无裂纹，种皮粉红色，内种皮浅黄色。百果重123.8g，百仁重49.1g，出仁率70.3%。全生育期134d。

【休眠性】强。

【品质成分】粗脂肪含量55.8%，粗蛋白含量31.7%，油酸含量36.5%，亚油酸含量43.7%，O/L为0.84。

【抗逆性】耐涝性和抗旱性均弱。

【抗病性】无青枯病发生，中抗叶斑病，高感病毒病和锈病。

【指纹图谱】

pPGPseq2C11	GNB556	Ah2TC11H06	Ah1TC5A06	GM2638	PM308	GNB329	AHS2037
461bp	71bp	168bp	180bp	55bp	78bp	220bp	312bp

龙武细花生

（国家库统一编号：Zh.h 0490）

龙武细花生为云南石屏县农家品种，珍珠豆型。

【特征特性】 株型直立，疏枝，连续开花。主茎高33.8cm，侧枝长40.3cm，总分枝数15.5条，结果枝数6.2条，主茎节数15.6个。茎粗6.2mm，茎部无花青素，呈绿色，茎枝茸毛稀短。小叶长椭圆形，绿色，叶大，叶片茸毛多。花冠黄色，果针浅紫色。单株结果数21.7个，饱果率90.8%，单株生产力35.2g。荚果茧形，网纹中，缩缢中，果嘴短。以双仁果为主，双仁果率71.7%。荚果中等大小，果长3.4cm，果壳厚1.1mm。籽仁椭圆形或圆柱形，裂纹轻，种皮粉红色，内种皮白色。百果重211.7g，百仁重81.4g，出仁率70.7%。全生育期130d。

【休眠性】 弱。

【品质成分】 粗脂肪含量53.4%，粗蛋白含量30.7%，油酸含量43.0%，亚油酸含量37.4%，O/L为1.15。

【抗逆性】 耐涝性中，抗旱性弱。

【抗病性】 无青枯病、病毒病、叶斑病发生，中感锈病。

【指纹图谱】

pPGPseq2C11	GNB556	Ah2TC11H06	Ah1TC5A06	GM2638	PM308	GNB329	AHS2037
439bp	56bp	182bp	172bp	65bp	80bp	220bp	312bp

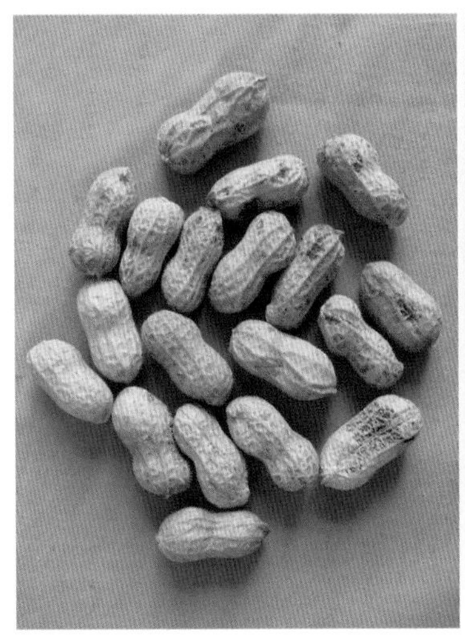

兴 义 扯 花 生

（国家库统一编号：Zh.h 0500）

兴义扯花生为贵州兴义县农家品种，龙生型。

【特征特性】株型半匍匐，密枝，交替开花。主茎高40.3cm，侧枝长55.0cm，总分枝数25.9条，结果枝数5.9条，主茎节数18.5个。茎粗6.3mm，茎部花青素少量，呈浅紫色，茎枝茸毛密长。小叶宽倒卵形，绿色，叶大，叶片茸毛极多。花冠黄色，果针绿色。单株结果数17.9个，饱果率78.0%，单株生产力21.6g。荚果普通形或曲棍形，网纹深，缩缢中，果嘴锐。以双仁果为主，双仁果率78.5%。荚果中等大小，果长3.7cm，果壳厚1.3mm。籽仁椭圆形或圆锥形，无裂纹，种皮粉红色，内种皮橘红色。百果重179.3g，百仁重72.6g，出仁率67.8%。全生育期140d。

【休眠性】强。

【品质成分】粗脂肪含量53.6%，粗蛋白含量30.8%，油酸含量43.3%，亚油酸含量37.2%，O/L为1.16。

【抗逆性】耐涝性和抗旱性均弱。

【抗病性】无青枯病、锈病和病毒病发生，中抗叶斑病。

【指纹图谱】

pPGPseq2C11	GNB556	Ah2TC11H06	Ah1TC5A06	GM2638	PM308	GNB329	AHS2037
450bp	56bp	168bp	176bp	65bp	80bp	220bp	315bp

阜 花 3 号

（国家库统一编号：Zh.h 0519）

阜花3号为辽宁阜新县杂交品种，多粒型。

【特征特性】株型直立，疏枝，连续开花。主茎高26.9cm，侧枝长38.6cm，总分枝数14.1条，结果枝数6.7条，主茎节数17.4个。茎粗5.8mm，茎部花青素少量，呈浅紫色，茎枝茸毛稀长。小叶椭圆形，深绿色，叶较小，叶片茸毛极多。花冠黄色，果针紫色。单株结果数9.8个，饱果率64.5%，单株生产力11.3g。荚果串珠形，网纹中，缩缢浅，果嘴中。以三仁果为主，三仁果率49.5%。荚果大，果长3.9cm，果壳厚1.3mm。籽仁桃形或椭圆形，无裂纹，种皮粉红色，内种皮白色。百果重238.3g，百仁重57.9g，出仁率67.8%。全生育期130d。

【休眠性】弱。

【品质成分】粗脂肪含量51.5%，粗蛋白含量31.5%，油酸含量45.7%，亚油酸含量35.4%，O/L为1.29。

【抗逆性】耐涝性和抗旱性均强。

【抗病性】无青枯病、锈病和病毒病发生，中抗叶斑病。

【指纹图谱】

pPGPseq2C11	GNB556	Ah2TC11H06	Ah1TC5A06	GM2638	PM308	GNB329	AHS2037
385bp	71bp	210bp	176bp	63bp	86bp	235bp	312bp

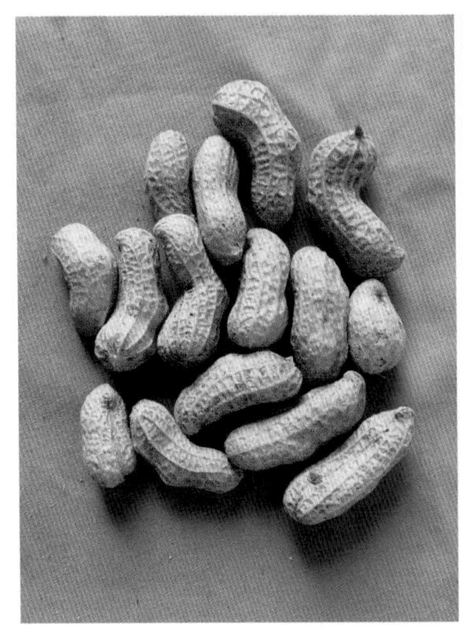

锦 交 1 号

（国家库统一编号：Zh.h 0525）

锦交1号为辽宁锦州市系选品种，普通型。

【特征特性】株型半匍匐，密枝，交替开花。主茎高35.7cm，侧枝长41.7cm，总分枝数28.9条，结果枝数9.3条，主茎节数20.1个。茎粗6.4mm，茎部无花青素，呈绿色，茎枝茸毛稀短。小叶椭圆形，绿色，叶中等大小，叶片茸毛少。花冠黄色，果针紫色。单株结果数26.3个，饱果率58.5%，单株生产力30.3g。荚果普通形，网纹浅，缩缢浅，果嘴短钝。以双仁果为主，双仁果率81.9%。荚果大，果长4.0cm，果壳厚1.7mm。籽仁椭圆形，无裂纹，种皮粉红色，内种皮橘红色。百果重228.8g，百仁重89.7g，出仁率64.3%。全生育期135d。

【休眠性】强。

【品质成分】粗脂肪含量52.3%，粗蛋白含量28.2%，油酸含量48.1%，亚油酸含量31.9%，O/L为1.51。

【抗逆性】耐涝性弱，抗旱性强。

【抗病性】无青枯病、锈病和病毒病发生，中抗叶斑病。

【指纹图谱】

pPGPseq2C11	GNB556	Ah2TC11H06	Ah1TC5A06	GM2638	PM308	GNB329	AHS2037
439bp	56bp	182bp	168bp	55bp	78bp	220bp	312bp

滕县滕子花生

（国家库统一编号：Zh.h 0531）

滕县滕子花生为山东滕县农家品种，龙生型。

【特征特性】株型匍匐，密枝，交替开花。主茎高35.4cm，侧枝长53.9cm，总分枝数35.1条，结果枝数8.7条，主茎节数21.3个。茎粗6.1mm，茎部花青素较多，呈紫色，茎枝茸毛密长。小叶宽倒卵形，深绿色，叶中等大小，叶片茸毛多。花冠黄色，果针浅紫色。单株结果数17.7个，饱果率61.1%，单株生产力17.1g。荚果曲棍形，网纹极深，缩缢中，果嘴锐。以三仁果为主，三仁果率57.6%。荚果大，果长3.9cm，果壳厚1.2mm。籽仁椭圆形或圆柱形，无裂纹，种皮粉红色，内种皮橘红色。百果重198.7g，百仁重71.9g，出仁率70.7%。全生育期154d。

【休眠性】强。

【品质成分】粗脂肪含量54.3%，粗蛋白含量28.5%，油酸含量46.4%，亚油酸含量34.4%，O/L为1.35。

【抗逆性】耐涝性和抗旱性均弱。

【抗病性】无青枯病和锈病发生，高感病毒病，中抗叶斑病。

【指纹图谱】

pPGPseq2C11	GNB556	Ah2TC11H06	Ah1TC5A06	GM2638	PM308	GNB329	AHS2037
439bp	56/71bp	198bp	188bp	65bp	64bp	208bp	312bp

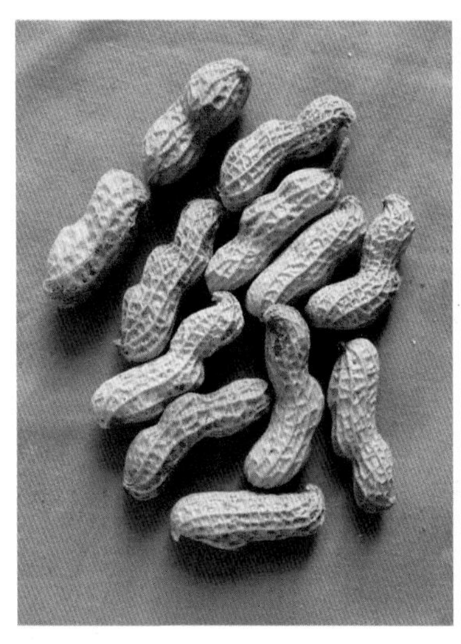

巨 野 小 花 生

（国家库统一编号：Zh.h 0537）

巨野小花生为山东巨野县农家品种，龙生型。

【特征特性】 株型半匍匐，密枝，交替开花。主茎高32.7cm，侧枝长48.5cm，总分枝数27.3条，结果枝数6.8条，主茎节数21.9个。茎粗6.2mm，茎部花青素较多，呈紫色，茎枝茸毛密长。小叶椭圆形，深绿色，叶较小，叶片茸毛多。花冠黄色，果针紫色。单株结果数16.7个，饱果率66.0%，单株生产力33.1g。荚果曲棍形，网纹极深，缩缢中，果嘴锐。以三仁果为主，三仁果率47.4%。荚果大，果长3.9cm，果壳厚1.1mm。籽仁椭圆形或圆锥形，无裂纹，种皮淡黄色，内种皮橘红色。百果重183.8g，百仁重72.2g，出仁率73.2%。全生育期146d。

【休眠性】 强。

【品质成分】 粗脂肪含量52.8%，粗蛋白含量28.4%，油酸含量45.1%，亚油酸含量34.6%，O/L为1.30。

【抗逆性】 耐涝性弱，抗旱性强。

【抗病性】 无青枯病和锈病发生，高抗叶斑病，中感病毒病。

【指纹图谱】

pPGPseq2C11	GNB556	Ah2TC11H06	Ah1TC5A06	GM2638	PM308	GNB329	AHS2037
439bp	80bp	202bp	188bp	73bp	74bp	214bp	312bp

栖霞爬蔓小花生

（国家库统一编号：Zh.h 0540）

栖霞爬蔓小花生为山东栖霞市农家品种，龙生型。

【特征特性】株型匍匐，密枝，交替开花。主茎高40.2cm，侧枝长57.1cm，总分枝数34.0条，结果枝数11.4条，主茎节数20.2个。茎粗6.5mm，茎部花青素少量，呈浅紫色，茎枝茸毛密长。小叶椭圆形，浅绿色，叶较小，叶片茸毛多。花冠黄色，果针紫色。单株结果数21.0个，饱果率79.0%，单株生产力15.4g。荚果普通形或曲棍形，网纹中，缩缢中，果嘴锐。以双仁果为主，双仁果率76.0%。荚果中等大小，果长3.4cm，果壳厚1.3mm。籽仁椭圆形，无裂纹，种皮粉红色，内种皮橘红色。百果重120.3g，百仁重58.1g，出仁率67.4%。全生育期150d。

【休眠性】强。

【品质成分】粗脂肪含量54.7%，粗蛋白含量28.3%，油酸含量51.0%，亚油酸含量31.0%，O/L为1.64。

【抗逆性】耐涝性弱，抗旱性强。

【抗病性】无青枯病、锈病和病毒病发生，中抗叶斑病。

【指纹图谱】

pPGPseq2C11	GNB556	Ah2TC11H06	Ah1TC5A06	GM2638	PM308	GNB329	AHS2037
439bp	56/71bp	206bp	168bp	73bp	82bp	214bp	312bp

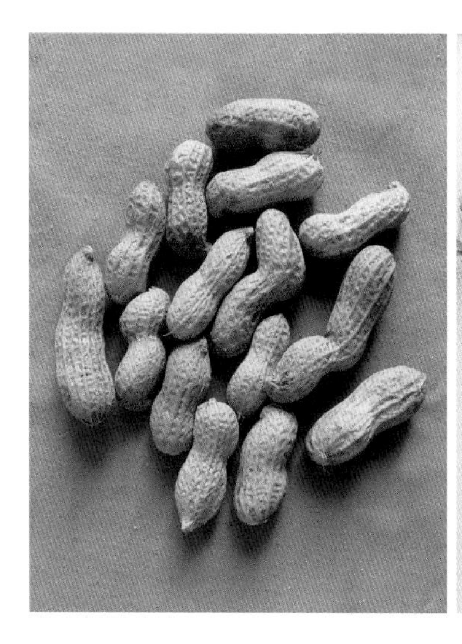

海门圆头花生

（国家库统一编号：Zh.h 0577）

海门圆头花生为江苏海门市农家品种，普通型。

【特征特性】株型直立，密枝，交替开花。主茎高22.9cm，侧枝长31.3cm，总分枝数16.2条，结果枝数6.1条，主茎节数15.5个。茎粗5.8mm，茎部无花青素，呈浅绿色，茎枝茸毛密短。小叶椭圆形，绿色，叶较小，叶片茸毛多。花冠黄色，果针紫色。单株结果数23.0个，饱果率77.4%，单株生产力38.2g。荚果普通形或曲棍形，网纹中，缩缢浅，果嘴中。以双仁果为主，双仁果率52.7%。荚果大，果长4.0cm，果壳厚1.5mm。籽仁椭圆形，裂纹重，种皮粉红色，内种皮橘红色。百果重259.9g，百仁重86.3g，出仁率61.6%。全生育期160d。

【休眠性】强。

【品质成分】粗脂肪含量50.1%，粗蛋白含量29.2%，油酸含量43.1%，亚油酸含量37.7%，O/L为1.14。

【抗逆性】耐涝性中，抗旱性弱。

【抗病性】无青枯病、锈病和病毒病发生，中抗叶斑病。

【指纹图谱】

pPGPseq2C11	GNB556	Ah2TC11H06	Ah1TC5A06	GM2638	PM308	GNB329	AHS2037
439bp	71bp	168bp	188bp	69/73bp	82bp	220bp	312bp

万 安 花 生

（国家库统一编号：Zh.h 0608）

万安花生为江西万安县农家品种，珍珠豆型。

【特征特性】 株型直立，疏枝，连续开花。主茎高42.4cm，侧枝长58.3cm，总分枝数15.7条，结果枝数7.9条，主茎节数21.4个。茎粗7.8mm，茎部无花青素，呈绿色，茎枝茸毛密短。小叶长椭圆形，黄绿色，叶极大，叶片茸毛极多。花冠黄色，果针浅紫色。单株结果数33.9个，饱果率87.8%，单株生产力35.6g。荚果普通形或茧形，网纹深，缩缢中，果嘴中。以双仁果为主，双仁果率86.7%。荚果中等大小，果长2.9m，果壳厚1.7mm。籽仁椭圆形或桃形，无裂纹，种皮粉红色，内种皮白色。百果重142.7g，百仁重51.9g，出仁率71.3%。全生育期130d。

【休眠性】 强。

【品质成分】 粗脂肪含量52.0%，粗蛋白含量30.5%，油酸含量43.8%，亚油酸含量36.3%，O/L为1.20。

【抗逆性】 耐涝性和抗旱性均弱。

【抗病性】 无青枯病和锈病发生，高抗叶斑病，高感病毒病。

【指纹图谱】

pPGPseq2C11	GNB556	Ah2TC11H06	Ah1TC5A06	GM2638	PM308	GNB329	AHS2037
439bp	77bp	202bp	192bp	63bp	86bp	214bp	312bp

凌乐大花生

（国家库统一编号：Zh.h 0636）

凌乐大花生为广西凌乐县农家品种，普通型。

【特征特性】株型直立，密枝，交替开花。主茎高41.7cm，侧枝长46.7cm，总分枝数16.5条，结果枝数6.6条，主茎节数18.6个。茎粗6.3mm，茎部无花青素，呈绿色，茎枝茸毛稀短。小叶长椭圆形，深绿色，叶大，叶片茸毛少。花冠黄色，果针紫色。单株结果数30.9个，饱果率80.0%，单株生产力54.0g。荚果普通形，网纹深，缩缢中，果嘴中。以双仁果为主，双仁果率66.3%。荚果超大，果长4.3cm，果壳厚1.7mm。籽仁椭圆形，无裂纹，种皮粉红色，内种皮橘红色。百果重249.3g，百仁重89.0g，出仁率66.8%。全生育期160d。

【休眠性】强。

【品质成分】粗脂肪含量52.0%，粗蛋白含量27.8%，油酸含量48.9%，亚油酸含量32.5%，O/L为1.50。

【抗逆性】耐涝性和抗旱性均弱。

【抗病性】中抗青枯病、叶斑病和锈病，无病毒病发生。

【指纹图谱】

pPGPseq2C11	GNB556	Ah2TC11H06	Ah1TC5A06	GM2638	PM308	GNB329	AHS2037
439bp	68bp	168bp	188bp	63bp	82bp	220bp	312bp

托克逊小花生

（国家库统一编号：Zh.h 0678）

托克逊小花生为新疆托克逊县农家品种，普通型。

【特征特性】株型匍匐，密枝，交替开花。主茎高36.8cm，侧枝长45.0cm，总分枝数27.5条，结果枝数7.7条，主茎节数17.3个。茎粗6.6mm，茎部无花青素，呈绿色，茎枝茸毛稀短。小叶椭圆形，深绿色，叶中等大小，叶片茸毛少。花冠黄色，果针紫色。单株结果数12.3个，饱果率70.3%，单株生产力11.0g。荚果普通形，网纹中，缩缢中，果嘴中。以双仁果为主，双仁果率77.2%。荚果中等大小，果长3.4cm，果壳厚1.3mm。籽仁椭圆形，无裂纹，种皮粉红色，内种皮橘红色。百果重157.3g，百仁重58.3g，出仁率67.8%。全生育期160d。

【休眠性】强。

【品质成分】粗脂肪含量50.9%，粗蛋白含量29.3%，油酸含量44.4%，亚油酸含量36.2%，O/L为1.23。

【抗逆性】耐涝性中，抗旱性弱。

【抗病性】无病毒病发生，抗叶斑病、青枯病和锈病。

【指纹图谱】

pPGPseq2C11	GNB556	Ah2TC11H06	Ah1TC5A06	GM2638	PM308	GNB329	AHS2037
439bp	71bp	168bp	192bp	63bp	74bp	235bp	312bp

北京大粒墩

(国家库统一编号：Zh.h 0680)

北京大粒墩为北京市农家品种，普通型。

【特征特性】 株型半匍匐，密枝，交替开花。主茎高40.9cm，侧枝长45.5cm，总分枝数24.1条，结果枝数8.7条，主茎节数20.6个。茎粗6.5mm，茎部无花青素，呈绿色，茎枝茸毛稀短。小叶倒卵形，深绿色，叶中等大小，叶片茸毛少。花冠浅黄色，果针紫色。单株结果数14.3个，饱果率58.4%，单株生产力21.0g。荚果普通形或斧头形，网纹中，缩缢中，果嘴中。以双仁果为主，双仁果率57.6%。荚果中等大小，果长3.6cm，果壳厚1.4mm。籽仁椭圆形，无裂纹，种皮粉红色，内种皮橘红色。百果重183.9g，百仁重69.8g，出仁率63.6%。全生育期150d。

【休眠性】 强。

【品质成分】 粗脂肪含量52.0%，粗蛋白含量28.5%，油酸含量49.1%，亚油酸含量32.3%，O/L为1.52。

【抗逆性】 耐涝性弱，抗旱性中。

【抗病性】 无青枯病和锈病发生，中抗叶斑病，高感病毒病。

【指纹图谱】

pPGPseq2C11	GNB556	Ah2TC11H06	Ah1TC5A06	GM2638	PM308	GNB329	AHS2037
439bp	56bp	182bp	162bp	73bp	92bp	208bp	312bp

武　邑　花　生

（国家库统一编号：Zh.h 0719）

武邑花生为河北武邑县农家品种，普通型。

【特征特性】 株型直立，密枝，交替开花。主茎高39.1cm，侧枝长42cm，总分枝数26.5条，结果枝数6.3条，主茎节数17.1个。茎粗7.0mm，茎部无花青素，呈绿色，茎枝茸毛稀短。小叶倒卵形，深绿色，叶中等大小，叶片茸毛少。花冠浅黄色，果针浅紫色。单株结果数15.1个，饱果率77.9%，单株生产力36.9g。荚果普通形，网纹深，缩缢短钝，果嘴短钝。以双仁果为主，双仁果率73.7%。荚果超大，果长4.3cm，果壳厚1.1mm。籽仁椭圆形，无裂纹，种皮粉红色，内种皮白色。百果重225.8g，百仁重92.4g，出仁率68.6%。全生育期150d。

【休眠性】 弱。

【品质成分】 粗脂肪含量51.2%，粗蛋白含量29.1%，油酸含量44.6%，亚油酸含量35.8%，O/L为1.25。

【抗逆性】 耐涝性强，抗旱性中。

【抗病性】 无青枯病和病毒病发生，高抗叶斑病，中感锈病。

【指纹图谱】

pPGPseq2C11	GNB556	Ah2TC11H06	Ah1TC5A06	GM2638	PM308	GNB329	AHS2037
439bp	68bp	168bp	168bp	73bp	82bp	235bp	312bp

昆嵛大粒墩

（国家库统一编号：Zh.h 0764）

昆嵛大粒墩为山东牟平区农家品种，普通型。

【特征特性】 株型直立，密枝，交替开花。主茎高34.0cm，侧枝长43.5cm，总分枝数24.1条，结果枝数6.6条，主茎节数21.3个。茎粗6.8mm，茎部花青素少量，呈浅紫色，茎枝茸毛稀短。小叶椭圆形，绿色，叶中等大小，叶片茸毛多。花冠浅黄色，果针紫色。单株结果数14.6个，饱果率77.6%，单株生产力19.7g。荚果普通形或斧头形，网纹中，缩缢中，果嘴短钝。以双仁果为主，双仁果率69.0%。荚果中等大小，果长3.7cm，果壳厚1.2mm。籽仁椭圆形，无裂纹，种皮粉红色，内种皮橘红色。百果重156.2g，百仁重70.9g，出仁率66.3%。全生育期156d。

【休眠性】 强。

【品质成分】 粗脂肪含量50.3%，粗蛋白含量28.2%，油酸含量50.7%，亚油酸含量31.1%，O/L为1.63。

【抗逆性】 耐涝性和抗旱性均弱。

【抗病性】 无青枯病、叶斑病、锈病和病毒病发生。

【指纹图谱】

pPGPseq2C11	GNB556	Ah2TC11H06	Ah1TC5A06	GM2638	PM308	GNB329	AHS2037
439bp	68bp	182bp	162bp	65bp	82bp	217bp	312bp

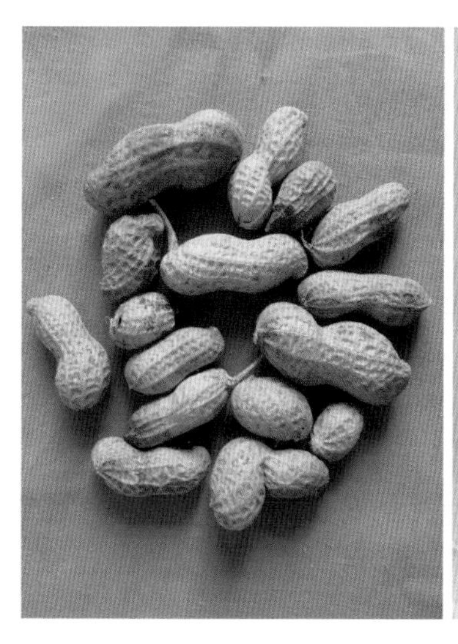

临清一窝蜂

(国家库统一编号：Zh.h 0844)

临清一窝蜂为山东临清市农家品种，普通型。

【特征特性】 株型匍匐，密枝，交替开花。主茎高33.8cm，侧枝长43.7cm，总分枝数31.5条，结果枝数8.1条，主茎节数17.5个。茎粗8.2mm，茎部无花青素，呈绿色，茎枝茸毛稀短。小叶椭圆形，深绿色，叶较小，叶片茸毛少。花冠浅黄色，果针紫色。单株结果数21.9个，饱果率65.7%，单株生产力26.0g。荚果普通形，网纹中，缩缢中，果嘴中。以双仁果为主，双仁果率71.8%。荚果大，果长4.1cm，果壳厚1.8mm。籽仁椭圆形，无裂纹，种皮粉红色，内种皮橘红色。百果重242.0g，百仁重86.6g，出仁率64.7%。全生育期156d。

【休眠性】 强。

【品质成分】 粗脂肪含量53.2%，粗蛋白含量28.5%，油酸含量50.9%，亚油酸含量30.9%，O/L为1.65。

【抗逆性】 耐涝性中，抗旱性弱。

【抗病性】 无青枯病、锈病和病毒病发生，中抗叶斑病。

【指纹图谱】

pPGPseq2C11	GNB556	Ah2TC11H06	Ah1TC5A06	GM2638	PM308	GNB329	AHS2037
439bp	71bp	198bp	160bp	65bp	86bp	220bp	312bp

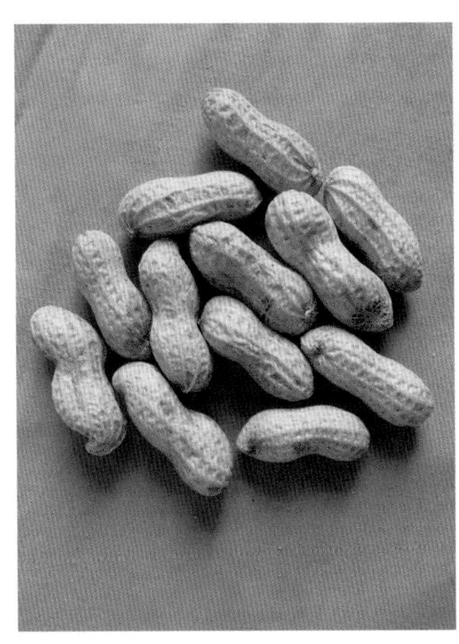

艳子山大粒墩

（国家库统一编号：Zh.h 0853）

艳子山大粒墩为山东即墨市农家品种，普通型。

【特征特性】株型匍匐，密枝，交替开花。主茎高30.9cm，侧枝长35.1cm，总分枝数17.1条，结果枝数7.3条，主茎节数15.5个。茎粗6.8mm，茎部无花青素，呈绿色，茎枝茸毛密短。小叶宽倒卵形，深绿色，叶大，叶片茸毛多。花冠黄色，果针紫色。单株结果数28.8个，饱果率92.8%，单株生产力51.2g。荚果普通形，网纹深，缩缢浅，果嘴锐。以双仁果为主，双仁果率81.8%。荚果中等大小，果长3.7cm，果壳厚1.4mm。籽仁椭圆形，裂纹轻，种皮粉红色，内种皮橘红色。百果重209.7g，百仁重87.0g，出仁率71.3%。全生育期149d。

【休眠性】强。

【品质成分】粗脂肪含量50.5%，粗蛋白含量26.3%，油酸含量49.0%，亚油酸含量30.2%，O/L为1.62。

【抗逆性】耐涝性和抗旱性均弱。

【抗病性】无青枯病和病毒病发生，中抗叶斑病，高感锈病。

【指纹图谱】

pPGPseq2C11	GNB556	Ah2TC11H06	Ah1TC5A06	GM2638	PM308	GNB329	AHS2037
439bp	56bp	206bp	180bp	55bp	64bp	238bp	327bp

花　55

（国家库统一编号：Zh.h 0856）

花55为山东莱西市杂交品种，普通型。

【特征特性】株型直立，密枝，交替开花。主茎高37.0cm，侧枝长55.3cm，总分枝数22.9条，结果枝数6.3条，主茎节数18.5个。茎粗6.6mm，茎部无花青素，呈绿色，茎枝茸毛密短。小叶倒卵形，绿色，叶中等大小，叶片茸毛多。花冠浅黄色，果针紫色。单株结果数16.1个，饱果率68.5%，单株生产力14.9g。荚果普通形或斧头形，网纹浅，缩缢中，果嘴中。以双仁果为主，双仁果率67.9%。荚果中等大小，果长3.6cm，果壳厚1.2mm。籽仁椭圆形，无裂纹，种皮粉红色，内种皮橘红色。百果重162.2g，百仁重68.4g，出仁率62.3%。全生育期150d。

【休眠性】强。

【品质成分】粗脂肪含量52.5%，粗蛋白含量28.5%，油酸含量47.4%，亚油酸含量33.0%，O/L为1.44。

【抗逆性】耐涝性和抗旱性均弱。

【抗病性】无青枯病和病毒病发生，中抗叶斑病，中感锈病。

【指纹图谱】

pPGPseq2C11	GNB556	Ah2TC11H06	Ah1TC5A06	GM2638	PM308	GNB329	AHS2037
439bp	56bp	182bp	162bp	55bp	86bp	232bp	312bp

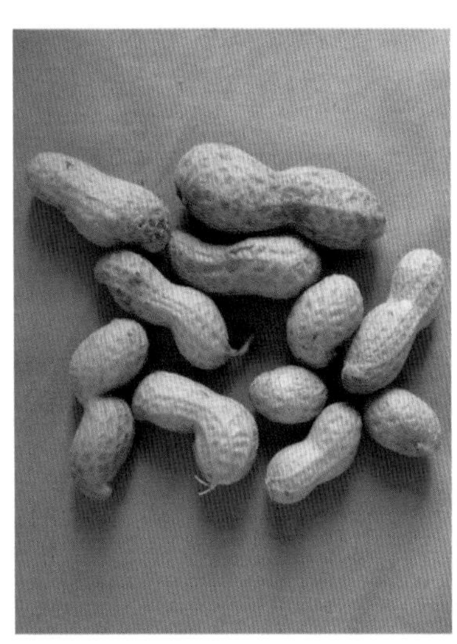

花　54

（国家库统一编号：Zh.h 0858）

花54为山东莱西市杂交品种，普通型。

【特征特性】株型匍匐，密枝，交替开花。主茎高24.0cm，侧枝长32.6cm，总分枝数21.0条，结果枝数7.1条，主茎节数17.9个。茎粗6.4mm，茎部花青素少量，呈浅紫色，茎枝茸毛稀短。小叶椭圆形，绿色，叶较小，叶片茸毛多。花冠浅黄色，果针紫色。单株结果数16.5个，饱果率84.7%，单株生产力52.6g。荚果普通形，网纹中，缩缢中，果嘴中。以双仁果为主，双仁果率83.2%。荚果超大，果长4.2cm，果壳厚1.5mm。籽仁椭圆形，无裂纹，种皮粉红色，内种皮橘红色。百果重260.5g，百仁重102.1g，出仁率66.6%。全生育期141d。

【休眠性】强。

【品质成分】粗脂肪含量55.7%，粗蛋白含量28.3%，油酸含量40.2%，亚油酸含量37.7%，O/L为1.07。

【抗逆性】耐涝性和抗旱性均弱。

【抗病性】无青枯病和锈病发生，中抗叶斑病，中感病毒病。

【指纹图谱】

pPGPseq2C11	GNB556	Ah2TC11H06	Ah1TC5A06	GM2638	PM308	GNB329	AHS2037
403bp	56bp	182bp	168bp	65bp	92bp	220bp	312bp

反 修 1 号

(国家库统一编号：Zh.h 0861)

反修1号为山东临沂市杂交品种，普通型。

【特征特性】株型直立，密枝，交替开花。主茎高25.0cm，侧枝长31.4cm，总分枝数16.6条，结果枝数6.4条，主茎节数17.0个。茎粗7.1mm，茎部花青素少量，呈浅紫色，茎枝茸毛稀短。小叶长椭圆形，绿色，叶中等大小，叶片茸毛少。花冠黄色，果针紫色。单株结果数18.6个，饱果率83.9%，单株生产力27.9g。荚果普通形，网纹浅，缩缢中，果嘴中。以双仁果为主，双仁果率85.6%。荚果中等大小，果长3.7cm，果壳厚1.4mm。籽仁椭圆形，裂纹中，种皮粉红色，内种皮橘红色。百果重190.8g，百仁重70.0g，出仁率68.8%。全生育期150d。

【休眠性】中。

【品质成分】粗脂肪含量53.0%，粗蛋白含量29.5%，油酸含量43.5%，亚油酸含量37.3%，O/L为1.17。

【抗逆性】耐涝性弱，抗旱性强。

【抗病性】无青枯病、锈病和病毒病发生，中抗叶斑病。

【指纹图谱】

pPGPseq2C11	GNB556	Ah2TC11H06	Ah1TC5A06	GM2638	PM308	GNB329	AHS2037
439bp	68bp	198bp	162bp	65bp	82bp	214bp	312bp

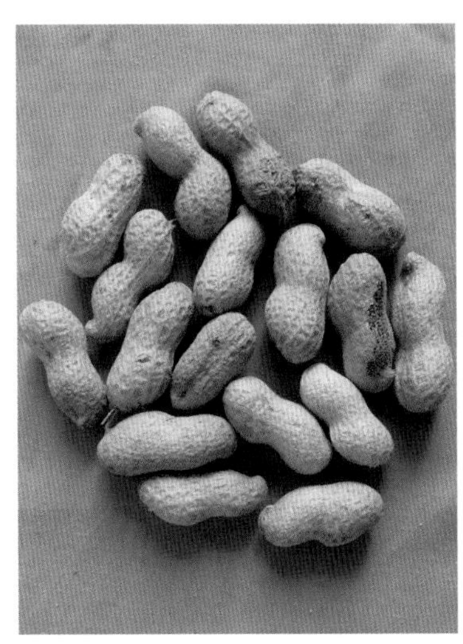

栖霞半糠皮

(国家库统一编号：Zh.h 0868)

栖霞半糠皮为山东栖霞市农家品种，普通型。

【特征特性】 株型直立，密枝，交替开花。主茎高38.3cm，侧枝长41.9cm，总分枝数20.4条，结果枝数6.8条，主茎节数16.5个。茎粗7.9mm，茎部无花青素，呈绿色，茎枝茸毛稀短。小叶椭圆形，黄绿色，叶极大，叶片茸毛多。花冠黄色，果针浅紫色。单株结果数31.6个，饱果率92.0%，单株生产力49.8g。荚果普通形，网纹深，缩缢浅，果嘴中。以双仁果为主，双仁果率65.8%。荚果中等大小，果长3.5cm，果壳厚1.7mm。籽仁椭圆形，无裂纹，种皮粉红色，内种皮橘红色。百果重211.0g，百仁重79.7g，出仁率68.1%。全生育期146d。

【休眠性】 中。

【品质成分】 粗脂肪含量53.5%，粗蛋白含量29.5%，油酸含量45.7%，亚油酸含量34.8%，O/L为1.31。

【抗逆性】 耐涝性和抗旱性均弱。

【抗病性】 无青枯病发生，中抗锈病，中感病毒病，高感叶斑病。

【指纹图谱】

pPGPseq2C11	GNB556	Ah2TC11H06	Ah1TC5A06	GM2638	PM308	GNB329	AHS2037
439bp	80bp	168bp	168bp	65bp	82bp	214bp	312bp

威海大粒墩

（国家库统一编号：Zh.h 0875）

威海大粒墩为山东威海市农家品种，龙生型。

【特征特性】 株型半匍匐，密枝，交替开花。主茎高29.0cm，侧枝长51.5cm，总分枝数28.1条，结果枝数8.0条，主茎节数16.8个。茎粗7.3mm，茎部花青素少量，呈浅紫色，茎枝茸毛密长。小叶椭圆形，绿色，叶较小，叶片茸毛极多。花冠浅黄色，果针紫色。单株结果数19.7个，饱果率74.0%，单株生产力16.9g。荚果普通形或曲棍形，网纹深，缩缢中，果嘴锐。以三仁果为主，三仁果率50.0%。荚果大，果长3.9cm，果壳厚1.1mm。籽仁椭圆形或圆锥形，无裂纹，种皮粉红色，内种皮橘红色。百果重135.7g，百仁重43.2g，出仁率67.7%。全生育期156d。

【休眠性】 强。

【品质成分】 粗脂肪含量52.3%，粗蛋白含量27.6%，油酸含量50.0%，亚油酸含量30.8%，O/L为1.62。

【抗逆性】 耐涝性中，抗旱性弱。

【抗病性】 无青枯病发生，高抗叶斑病，中感病毒病，高感锈病。

【指纹图谱】

pPGPseq2C11	GNB556	Ah2TC11H06	Ah1TC5A06	GM2638	PM308	GNB329	AHS2037
439bp	71bp	210bp	160bp	55bp	92bp	208bp	312bp

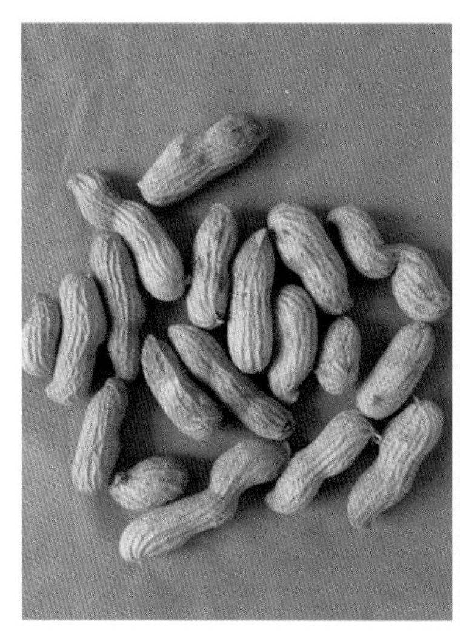

胶南一棚星

（国家库统一编号：Zh.h 0897）

胶南一棚星为山东胶南市农家品种，普通型。

【特征特性】株型直立，密枝，交替开花。主茎高48.1cm，侧枝长56.8cm，总分枝数18.2条，结果枝数6.9条，主茎节数19.3个。茎粗8.5mm，茎部无花青素，呈绿色，茎枝茸毛密短。小叶椭圆形，绿色，叶极大，叶片茸毛多。花冠黄色，果针紫色。单株结果数22.5个，饱果率92.0%，单株生产力34.0g。荚果蜂腰形，网纹中，缩缢深，果嘴中。以双仁果为主，双仁果率53.1%。荚果中等大小，果长3.2cm，果壳厚1.6mm。籽仁椭圆形，无裂纹，种皮粉红色，内种皮白色。百果重137.7g，百仁重55.4g，出仁率67.0%。全生育期126d。

【休眠性】中。

【品质成分】粗脂肪含量54.0%，粗蛋白含量29.0%，油酸含量47.9%，亚油酸含量33.8%，O/L为1.42。

【抗逆性】耐涝性和抗旱性均弱。

【抗病性】无青枯病发生，高抗叶斑病，高感病毒病，中感锈病。

【指纹图谱】

pPGPseq2C11	GNB556	Ah2TC11H06	Ah1TC5A06	GM2638	PM308	GNB329	AHS2037
439bp	71bp	206bp	162bp	65bp	86bp	211bp	312bp

莱芜蔓

（国家库统一编号：Zh.h 0930）

莱芜蔓为山东莱芜市农家品种，普通型。

【特征特性】株型半匍匐，密枝，交替开花。主茎高44.9cm，侧枝长52.1cm，总分枝数31.2条，结果枝数5.8条，主茎节数19.7个。茎粗5.9mm，茎部花青素少量，呈浅紫色，茎枝茸毛密短。小叶长椭圆形，绿色，叶中等大小，叶片茸毛少。花冠黄色，果针紫色。单株结果数11.8个，饱果率61.6%，单株生产力10.6g。荚果普通形或斧头形，网纹浅，缩缢中，果嘴中。以双仁果为主。双仁果率84.5%，荚果大，果长3.8cm，果壳厚1.6mm。籽仁椭圆形，无裂纹，种皮粉红色，内种皮橘红色。百果重199.8g，百仁重77.1g，出仁率55.6%。全生育期145d。

【休眠性】弱。

【品质成分】粗脂肪含量51.6%，粗蛋白含量28.8%，油酸含量50.5%，亚油酸含量31.3%，O/L为1.62。

【抗逆性】耐涝性强，抗旱性中。

【抗病性】无青枯病、锈病和病毒病发生，中抗叶斑病。

【指纹图谱】

pPGPseq2C11	GNB556	Ah2TC11H06	Ah1TC5A06	GM2638	PM308	GNB329	AHS2037
439bp	68bp	174bp	162bp	73bp	82bp	208bp	312bp

夏津小二秧

（国家库统一编号：Zh.h 0934）

夏津小二秧为山东夏津县农家品种，珍珠豆型。

【特征特性】 株型直立，疏枝，连续开花。主茎高47.8cm，侧枝长52.7cm，总分枝数14.7条，结果枝数7.4条，主茎节数19.0个。茎粗7.3mm，茎部无花青素，呈绿色，茎枝茸毛密短。小叶宽倒卵形，绿色，叶大，叶片茸毛多。花冠浅黄色，果针浅紫色。单株结果数27.9个，饱果率88.5%，单株生产力34.0g。荚果茧形或普通形，网纹浅，缩缢浅，果嘴短。以双仁果为主，双仁果率81.6%。荚果中等大小，果长2.9cm，果壳厚1.6mm。籽仁桃形或椭圆形，无裂纹，种皮粉红色，内种皮白色。百果重180.8g，百仁重67.0g，出仁率71.3%。全生育期126d。

【休眠性】 弱。

【品质成分】 粗脂肪含量52.5%，粗蛋白含量28.6%，油酸含量49.5%，亚油酸含量32.4%，O/L为1.53。

【抗逆性】 耐涝性弱，抗旱性强。

【抗病性】 无青枯病、病毒病和锈病发生，中抗叶斑病。

【指纹图谱】

pPGPseq2C11	GNB556	Ah2TC11H06	Ah1TC5A06	GM2638	PM308	GNB329	AHS2037
439bp	56/71bp	206bp	192bp	73bp	92bp	214bp	312bp

牟平大粒蔓

（国家库统一编号：Zh.h 0949）

牟平大粒蔓为山东牟平区农家品种，普通型。

【特征特性】 株型直立，密枝，交替开花。主茎高27.5cm，侧枝长42.9cm，总分枝数29.8条，结果枝数8.2条，主茎节数19.1个。茎粗6.5mm，茎部花青素少量，呈浅紫色，茎枝茸毛稀短。小叶宽倒卵形，绿色，叶较小，叶片茸毛多。花冠黄色，果针紫色。单株结果数19.8个，饱果率57.9%，单株生产力25.3g。荚果普通形，网纹中，缩缢中，果嘴短钝。以双仁果为主，双仁果率80.6%。荚果大，果长3.8cm，果壳厚1.4mm。籽仁椭圆形，无裂纹，种皮粉红色，内种皮橘红色。百果重200.9g，百仁重72.1g，出仁率67.7%。全生育期153d。

【休眠性】 强。

【品质成分】 粗脂肪含量52.9%，粗蛋白含量28.9%，油酸含量51.7%，亚油酸含量30.2%，O/L为1.71。

【抗逆性】 耐涝性和抗旱性均弱。

【抗病性】 无青枯病、锈病和病毒病发生，中抗叶斑病。

【指纹图谱】

pPGPseq2C11	GNB556	Ah2TC11H06	Ah1TC5A06	GM2638	PM308	GNB329	AHS2037
439bp	68bp	182bp	162bp	77bp	86bp	214bp	312bp

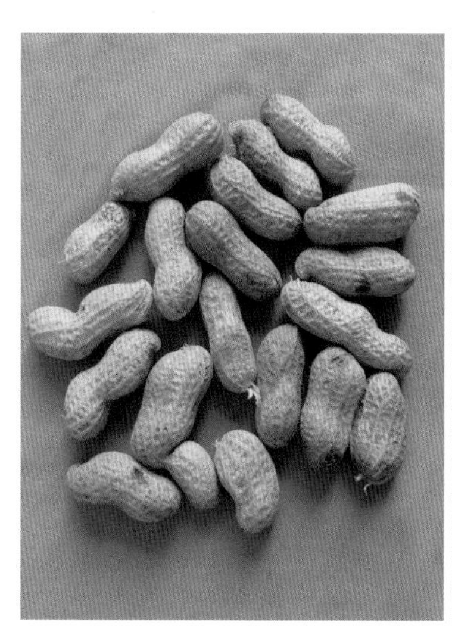

汶 上 蔓 生

（国家库统一编号：Zh.h 0977）

汶上蔓生为山东汶上县农家品种，普通型。

【特征特性】株型半匍匐，密枝，交替开花。主茎高30.7cm，侧枝长55.3cm，总分枝数20.9条，结果枝数6.1条，主茎节数19.1个。茎粗6.1mm，茎部无花青素，呈绿色，茎枝茸毛稀短。小叶椭圆形，绿色，叶较小，叶片茸毛多。花冠黄色，果针绿色。单株结果数15.5个，饱果率47.0%，单株生产力20.5g。荚果普通形，网纹中，缩缢中，果嘴短钝。以双仁果为主，双仁果率76.3%。荚果大，果长3.8cm，果壳厚1.5mm。籽仁椭圆形，无裂纹，种皮粉红色，内种皮橘红色。百果重223.8g，百仁重79.0g，出仁率69.8%。全生育期158d。

【休眠性】强。

【品质成分】粗脂肪含量50.9%，粗蛋白含量29.5%，油酸含量52.1%，亚油酸含量29.5%，O/L为1.77。

【抗逆性】耐涝性弱，抗旱性强。

【抗病性】无青枯病和锈病发生，中抗叶斑病，中感病毒病。

【指纹图谱】

pPGPseq2C11	GNB556	Ah2TC11H06	Ah1TC5A06	GM2638	PM308	GNB329	AHS2037
439bp	68bp	198bp	162bp	73bp	82bp	214bp	312bp

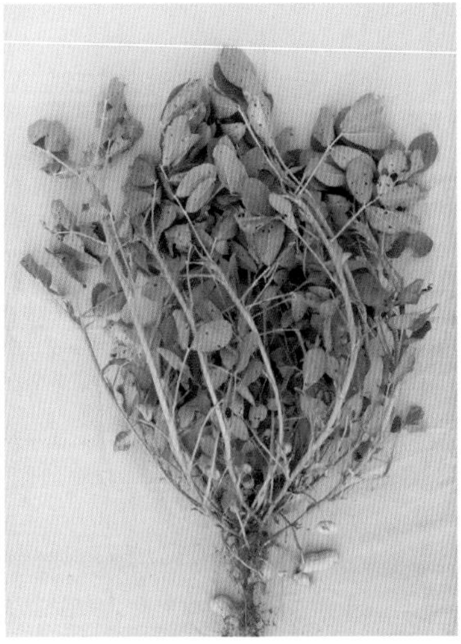

苍 山 大 花 生

（国家库统一编号：Zh.h 0980）

苍山大花生为山东兰陵县系选品种，中间型。

【特征特性】 株型直立，疏枝，交替开花。主茎高29.4cm，侧枝长43.9cm，总分枝数7.3条，结果枝数7.1条，主茎节数17.8个。茎粗7.2mm，茎部花青素少量，呈浅紫色，茎枝茸毛稀短。小叶长椭圆形，绿色，叶大，叶片茸毛多。花冠浅黄色，果针紫色。单株结果数17.0个，饱果率71.4%，单株生产力18.4g。荚果普通形，网纹中，缩缢中，果嘴短钝。以双仁果为主，双仁果率64.5%。荚果中等大小，果长3.7cm，果壳厚1.5mm。籽仁椭圆形，裂纹重，种皮粉红色，内种皮橘红色。百果重177.5g，百仁重70.0g，出仁率54.8%。全生育期158d。

【休眠性】 中。

【品质成分】 粗脂肪含量52.6%，粗蛋白含量28.8%，油酸含量45.1%，亚油酸含量32.9%，O/L为1.37。

【抗逆性】 耐涝性强，抗旱性弱。

【抗病性】 无青枯病和病毒病发生，中抗叶斑病，高感锈病。

【指纹图谱】

pPGPseq2C11	GNB556	Ah2TC11H06	Ah1TC5A06	GM2638	PM308	GNB329	AHS2037
439bp	71bp	182bp	160bp	65bp	92bp	220bp	312bp

撑　破　囤

（国家库统一编号：Zh.h 0998）

撑破囤为山东五莲县农家品种，普通型。

【特征特性】 株型半匍匐，密枝，交替开花。主茎高32.6cm，侧枝长39.5cm，总分枝数13.4条，结果枝数7.8条，主茎节数17.3个。茎粗8.0mm，茎部无花青素，呈绿色，茎枝茸毛稀短。小叶长椭圆形，深绿色，叶大，叶片茸毛多。花冠黄色，果针紫色。单株结果数31.0个，饱果率91.2%，单株生产力80.5g。荚果普通形，网纹中，缩缢中，果嘴短钝。以双仁果为主，双仁果率76.2%。荚果大，果长3.9cm，果壳厚1.4mm。籽仁椭圆形，裂纹轻，种皮粉红色，内种皮浅黄色。百果重259.0g，百仁重90.0g，出仁率52.8%。全生育期158d。

【休眠性】 中。

【品质成分】 粗脂肪含量52.2%，粗蛋白含量28.0%，油酸含量47.4%，亚油酸含量34.5%，O/L为1.37。

【抗逆性】 耐涝性中，抗旱性弱。

【抗病性】 无青枯病发生，中抗叶斑病，高感病毒病和锈病。

【指纹图谱】

pPGPseq2C11	GNB556	Ah2TC11H06	Ah1TC5A06	GM2638	PM308	GNB329	AHS2037
439bp	71bp	210bp	160bp	63bp	82bp	208bp	312bp

滕县洋花生

（国家库统一编号：Zh.h 1001）

滕县洋花生为山东滕县农家品种，普通型。

【特征特性】 株型匍匐，密枝，交替开花。主茎高35.7cm，侧枝长51.5cm，总分枝数24.2条，结果枝数6.7条，主茎节数15.9个。茎粗7.1mm，茎部花青素少量，呈浅紫色，茎枝茸毛密短。小叶宽倒卵形，绿色，叶大，叶片茸毛多。花冠浅黄色，果针浅紫色。单株结果数17.1个，饱果率76.6%，单株生产力17.9g。荚果普通形或蜂腰形，网纹深，缩缢中，果嘴中。以双仁果为主，双仁果率73.9%。荚果中等大小，果长3.5cm，果壳厚1.5mm。籽仁椭圆形，无裂纹，种皮粉红色，内种皮橘红色。百果重157.1g，百仁重63.3g，出仁率60.7%。全生育期158d。

【休眠性】 中。

【品质成分】 粗脂肪含量51.7%，粗蛋白含量27.7%，油酸含量50.8%，亚油酸含量30.7%，O/L为1.65。

【抗逆性】 耐涝性和抗旱性均弱。

【抗病性】 无青枯病、锈病和病毒病发生，中抗叶斑病。

【指纹图谱】

pPGPseq2C11	GNB556	Ah2TC11H06	Ah1TC5A06	GM2638	PM308	GNB329	AHS2037
439bp	71bp	206bp	162bp	65bp	86bp	220bp	312bp

杞县杨庄133

（国家库统一编号：Zh.h 1045）

杞县杨庄133为河南杞县杨庄镇杂交品种，珍珠豆型。

【特征特性】株型直立，疏枝，连续开花。主茎高43.0cm，侧枝长55.3cm，总分枝数16.2条，结果枝数9.5条，主茎节数18.4个。茎粗7.9mm，茎部无花青素，呈绿色，茎枝茸毛密短。小叶长椭圆形，绿色，叶大，叶片茸毛多。花冠黄色，果针紫色。单株结果数38.4个，饱果率87.8%，单株生产力29.7g。荚果茧形或葫芦形，网纹中，缩缢中，果嘴无。以双仁果为主，双仁果率86.2%。荚果小，果长2.3cm，果壳厚1.0mm。籽仁桃形，无裂纹，种皮粉红色，内种皮白色。百果重89.7g，百仁重40.2g，出仁率74.9%。全生育期123d。

【休眠性】强。

【品质成分】粗脂肪含量53.9%，粗蛋白含量32.0%，油酸含量41.4%，亚油酸含量38.6%，O/L为1.07。

【抗逆性】耐涝性和抗旱性均弱。

【抗病性】无青枯病发生，中感病毒病，高感叶斑病和锈病。

【指纹图谱】

pPGPseq2C11	GNB556	Ah2TC11H06	Ah1TC5A06	GM2638	PM308	GNB329	AHS2037
439bp	56bp	202bp	168bp	57bp	82bp	223bp	327bp

南阳小油条

（国家库统一编号：Zh.h 1075）

南阳小油条为河南南阳市农家品种，普通型。

【特征特性】株型直立，密枝，交替开花。主茎高20.1cm，侧枝长24.1cm，总分枝数17.9条，结果枝数7.5条，主茎节数15.8个。茎粗5.4mm，茎部无花青素，呈绿色，茎枝茸毛稀短。小叶倒卵形，绿色，叶较小，叶片茸毛少。花冠黄色，果针浅紫色。单株结果数27.9个，饱果率70.2%，单株生产力20.5g。荚果普通形或斧头形，网纹中，缩缢中，果嘴中。以双仁果为主，双仁果率86.4%。荚果中等大小，果长2.9cm，果壳厚1.3mm。籽仁椭圆形，无裂纹，种皮粉红色，内种皮橘红色。百果重135.3g，百仁重55.4g，出仁率74.2%。全生育期157d。

【休眠性】强。

【品质成分】粗脂肪含量51.6%，粗蛋白含量29.5%，油酸含量49.3%，亚油酸含量32.4%，O/L为1.52。

【抗逆性】耐涝性弱，抗旱性强。

【抗病性】无青枯病和锈病发生，中感叶斑病，高感病毒病。

【指纹图谱】

pPGPseq2C11	GNB556	Ah2TC11H06	Ah1TC5A06	GM2638	PM308	GNB329	AHS2037
439bp	56/71bp	168bp	162bp	63bp	80bp	208bp	312bp

大 粒 花 生

（国家库统一编号：Zh.h 1306）

大粒花生为江西余干县农家品种，多粒型。

【特征特性】 株型直立，疏枝，连续开花。主茎高49.1cm，侧枝长59.5cm，总分枝数16.3条，结果枝数7.6条，主茎节数18.1个。茎粗7.8mm，茎部花青素少量，呈浅紫色，茎枝茸毛稀长。小叶长椭圆形，浅绿色，叶极大，叶片茸毛极多。花冠黄色，果针紫色。单株结果数22.5个，饱果率83.7%，单株生产力25.9g。荚果串珠形，网纹浅，缩缢浅，果嘴短钝。以三仁果为主，三仁果率46.9%。荚果大，果长3.9cm，果壳厚1.5mm。籽仁椭圆形，无裂纹，种皮紫红色，内种皮白色。百果重164.9g，百仁重44.4g，出仁率70.8%。全生育期120d。

【休眠性】 中。

【品质成分】 粗脂肪含量51.1%，粗蛋白含量29.0%，油酸含量48.1%，亚油酸含量33.2%，O/L为1.45。

【抗逆性】 耐涝性和抗旱性均弱。

【抗病性】 无青枯病发生，中抗叶斑病和锈病，高感病毒病。

【指纹图谱】

pPGPseq2C11	GNB556	Ah2TC11H06	Ah1TC5A06	GM2638	PM308	GNB329	AHS2037
439bp	56/71bp	198bp	176bp	65bp	82bp	214bp	312bp

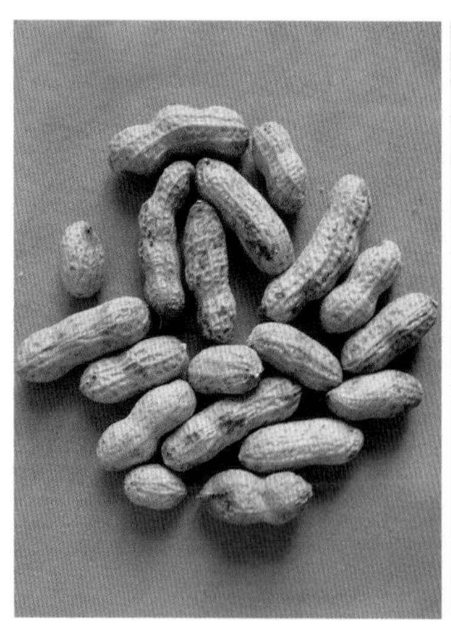

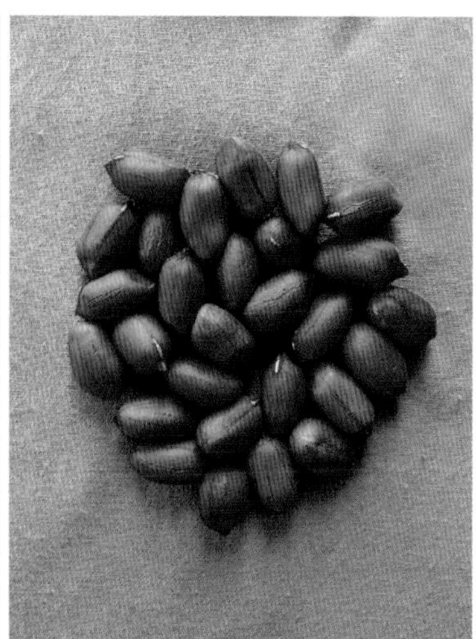

发 财 生

（国家库统一编号：Zh.h 1315）

发财生为福建平潭县农家品种，普通型。

【特征特性】株型半匍匐，密枝，交替开花。主茎高33.3cm，侧枝长37.8cm，总分枝数16.8条，结果枝数6.8条，主茎节数17.6个。茎粗7.6mm，茎部无花青素，呈绿色，茎枝茸毛密短。小叶长椭圆形，绿色，叶大，叶片茸毛少。花冠浅黄色，果针紫色。单株结果数25.5个，饱果率78.6%，单株生产力43.1g。荚果普通形或蜂腰形，网纹中，缩缢中，果嘴无。以双仁果为主，双仁果率71.3%。荚果大，果长4.0cm，果壳厚1.5mm。籽仁椭圆形，裂纹重，种皮粉红色，内种皮白色。百果重216.4g，百仁重91.9g，出仁率67.2%。全生育期135d。

【休眠性】弱。

【品质成分】粗脂肪含量53.7%，粗蛋白含量30.4%，油酸含量45.6%，亚油酸含量35.0%，O/L为1.30。

【抗逆性】耐涝性弱，抗旱性中。

【抗病性】无青枯病、病毒病和叶斑病发生，高感锈病。

【指纹图谱】

pPGPseq2C11	GNB556	Ah2TC11H06	Ah1TC5A06	GM2638	PM308	GNB329	AHS2037
403bp	62bp	182bp	180bp	55bp	80bp	238bp	318bp

全县番鬼豆

（国家库统一编号：Zh.h 1324）

全县番鬼豆为广西全州县农家品种，普通型。

【特征特性】 株型直立，密枝，交替开花。主茎高32.8cm，侧枝长41.2cm，总分枝数29.9条，结果枝数7.1条，主茎节数17.1个。茎粗6.0mm，茎部无花青素，呈绿色，茎枝茸毛稀短。小叶倒卵形，绿色，叶中等大小，叶片茸毛少。花冠浅黄色，果针紫色。单株结果数20.3个，饱果率75.4%，单株生产力29.3g。荚果普通形，网纹中，缩缢中，果嘴短钝。以双仁果为主，双仁果率80.2%。荚果大，果长4.0cm，果壳厚1.7mm。籽仁椭圆形，无裂纹，种皮粉红色，内种皮橘红色。百果重238.5g，百仁重87.2g，出仁率64.9%。全生育期160d。

【休眠性】 中。

【品质成分】 粗脂肪含量51.3%，粗蛋白含量27.9%，油酸含量51.5%，亚油酸含量30.6%，O/L为1.68。

【抗逆性】 耐涝性弱，抗旱性强。

【抗病性】 无青枯病、病毒病和锈病发生，高感叶斑病。

【指纹图谱】

pPGPseq2C11	GNB556	Ah2TC11H06	Ah1TC5A06	GM2638	PM308	GNB329	AHS2037
439bp	80bp	168bp	168bp	63bp	92bp	214bp	312bp

柳　城　筛　豆

（国家库统一编号：Zh.h 1331）

柳城筛豆为广西柳城县农家品种，普通型。

【特征特性】 株型直立，密枝，交替开花。主茎高27.9cm，侧枝长32.6cm，总分枝数25.1条，结果枝数11.5条，主茎节数20.0个。茎粗6.9mm，茎部无花青素，呈绿色，茎枝茸毛稀短。小叶长椭圆形，浅绿色，叶中等大小，叶片茸毛少。花冠黄色，果针浅紫色。单株结果数39.9个，饱果率65.3%，单株生产力46.2g。荚果普通形，网纹浅，缩缢中，果嘴短钝。以双仁果为主，双仁果率64.5%。荚果中等大小，果长3.5cm，果壳厚1.0mm。籽仁椭圆形，裂纹重，种皮紫色，内种皮白色。百果重191.8g，百仁重82.4g，出仁率74.5%。全生育期160d。

【休眠性】 弱。

【品质成分】 粗脂肪含量50.5%，粗蛋白含量27.9%，油酸含量50.6%，亚油酸含量31.3%，O/L为1.62。

【抗逆性】 耐涝性弱，抗旱性中。

【抗病性】 无青枯病、叶斑病和锈病发生，抗病毒病。

【指纹图谱】

pPGPseq2C11	GNB556	Ah2TC11H06	Ah1TC5A06	GM2638	PM308	GNB329	AHS2037
439bp	80bp	182bp	172bp	73bp	82bp	214bp	312bp

托克逊大花生

（国家库统一编号：Zh.h 1374）

托克逊大花生为新疆托克逊县农家品种，普通型。

【特征特性】株型半匍匐，密枝，交替开花。主茎高40.9cm，侧枝长48.7cm，总分枝数27.5条，结果枝数5.9条，主茎节数19.9个。茎粗5.7mm，茎部无花青素，呈绿色，茎枝茸毛稀短。小叶长椭圆形，绿色，叶中等大小，叶片茸毛少。花冠黄色，果针浅紫色。单株结果数14.1个，饱果率73.0%，单株生产力18.0g。荚果普通形，网纹浅，缩缢中，果嘴中。以双仁果为主，双仁果率83.2%。荚果大，果长4.2cm，果壳厚1.2mm。籽仁长椭圆形或圆锥形，无裂纹，种皮粉红色，内种皮橘红色。百果重213.0g，百仁重84g，出仁率63.8%。全生育期160d。

【休眠性】强。

【品质成分】粗脂肪含量52.9%，粗蛋白含量28.8%，油酸含量54.1%，亚油酸含量28.3%，O/L为1.91。

【抗逆性】耐涝性中，抗旱性强。

【抗病性】无病毒病发生，抗叶斑病、青枯病和锈病。

【指纹图谱】

pPGPseq2C11	GNB556	Ah2TC11H06	Ah1TC5A06	GM2638	PM308	GNB329	AHS2037
439bp	80bp	182bp	162bp	73bp	80bp	214bp	312bp

北 镇 大 花 生

（国家库统一编号：Zh.h 1377）

北镇大花生为辽宁北镇市农家品种，普通型。

【特征特性】 株型半匍匐，密枝，交替开花。主茎高27.0cm，侧枝长36.8cm，总分枝数21.1条，结果枝数5.4条，主茎节数17.7个。茎粗5.5mm，茎部花青素少量，呈浅紫色，茎枝茸毛稀短。小叶倒卵形，绿色，叶较小，叶片茸毛多。花冠黄色，果针浅紫色。单株结果数17.5个，饱果率81.1%，单株生产力19.3g。荚果普通形或蜂腰形，网纹中，缩缢中，果嘴极锐。以双仁果为主，双仁果率71.1%。荚果中等大小，果长3.6cm，果壳厚1.4mm。籽仁椭圆形，无裂纹，种皮浅褐色，内种皮白色。百果重158.0g，百仁重78.8g，出仁率85.5%。全生育期150d。

【休眠性】 强。

【品质成分】 粗脂肪含量52.4%，粗蛋白含量28.2%，油酸含量50.8%，亚油酸含量31.2%，O/L为1.63。

【抗逆性】 耐涝性弱，抗旱性强。

【抗病性】 无青枯病和锈病发生，中抗叶斑病，高感病毒病。

【指纹图谱】

pPGPseq2C11	GNB556	Ah2TC11H06	Ah1TC5A06	GM2638	PM308	GNB329	AHS2037
439bp	80bp	168bp	168bp	63bp	86bp	214bp	312bp

兴城红崖伏大

（国家库统一编号：Zh.h 1388）

兴城红崖伏大为辽宁兴城市农家品种，普通型。

【特征特性】株型半匍匐，密枝，交替开花。主茎高44.2cm，侧枝长49.2cm，总分枝数27.1条，结果枝数5.3条，主茎节数20.9个。茎粗7.0mm，茎部无花青素，呈绿色，茎枝茸毛稀短。小叶长椭圆形，绿色，叶中等大小，叶片茸毛多。花冠黄色，果针浅紫色。单株结果数11.1个，饱果率58.1%，单株生产力12.0g。荚果普通形或蜂腰形，网纹中，缩缢中，果嘴中。以双仁果为主，双仁果率73.0%。荚果大，果长3.9cm，果壳厚1.5mm。籽仁椭圆形，无裂纹，种皮紫红色，内种皮橘红色。百果重158.0g，百仁重61.1g，出仁率62.3%。全生育期150d。

【休眠性】强。

【品质成分】粗脂肪含量52.4%，粗蛋白含量29.2%，油酸含量51.7%，亚油酸含量30.3%，O/L为1. 71。

【抗逆性】耐涝性弱，抗旱性强。

【抗病性】无青枯病、锈病和病毒病发生，中抗叶斑病。

【指纹图谱】

pPGPseq2C11	GNB556	Ah2TC11H06	Ah1TC5A06	GM2638	PM308	GNB329	AHS2037
439bp	80bp	182bp	162bp	73bp	86bp	208bp	312bp

花　33

（国家库统一编号：Zh.h 1395）

花33为山东莱西市杂交品种，中间型。

【特征特性】株型半匍匐，密枝，连续开花。主茎高29.5cm，侧枝长35.3cm，总分枝数29.3条，结果枝数8.9条，主茎节数17.4个。茎粗6.8mm，茎部花青素少量，呈浅紫色，茎枝茸毛稀短。小叶长椭圆形，绿色，叶中等大小，叶片茸毛少。花冠黄色，果针紫色。单株结果数23.7个，饱果率73.9%，单株生产力36.2g。荚果普通形，网纹中，缩缢中，果嘴短钝。以双仁果为主，双仁果率83.5%。荚果大，果长4.1cm，果壳厚1.6mm。籽仁椭圆形或圆锥形，裂纹中，种皮粉红色，内种皮白色。百果重240.7g，百仁重89.0g，出仁率67.0%。全生育期130d。

【休眠性】中。

【品质成分】粗脂肪含量54.1%，粗蛋白含量28.0%，油酸含量44.0%，亚油酸含量36.6%，O/L为1.20。

【抗逆性】耐涝性和抗旱性均弱。

【抗病性】无青枯病和病毒病发生，中抗叶斑病，高感锈病。

【指纹图谱】

pPGPseq2C11	GNB556	Ah2TC11H06	Ah1TC5A06	GM2638	PM308	GNB329	AHS2037
439bp	68bp	198bp	162bp	73bp	82bp	208bp	312bp

花　　32

（国家库统一编号：Zh.h 1399）

花32为山东莱西市杂交品种，中间型。

【特征特性】株型直立，疏枝，连续开花。主茎高33.6cm，侧枝长41.9cm，总分枝数14.7条，结果枝数7.5条，主茎节数18.6个。茎粗8.6mm，茎部花青素少量，呈浅紫色，茎枝茸毛稀短。小叶长椭圆形，黄绿色，叶中等大小，叶片茸毛多。花冠浅黄色，果针紫色。单株结果数28.7个，饱果率81.9%，单株生产力54.0g。荚果普通形，网纹浅，缩缢中，果嘴无。以双仁果为主，双仁果率69.2%。荚果大，果长4.0cm，果壳厚1.6mm。籽仁椭圆形，裂纹中，种皮粉红色，内种皮白色。百果重253.8g，百仁重104.9g，出仁率67.9%。全生育期130d。

【休眠性】弱。

【品质成分】粗脂肪含量54.1%，粗蛋白含量27.2%，油酸含量50.8%，亚油酸含量31.3%，O/L为1.62。

【抗逆性】耐涝性弱，抗旱性强。

【抗病性】无青枯病和叶斑病发生，高抗病毒病，中感锈病。

【指纹图谱】

pPGPseq2C11	GNB556	Ah2TC11H06	Ah1TC5A06	GM2638	PM308	GNB329	AHS2037
439bp	71bp	210bp	168bp	65bp	82bp	211bp	312bp

花 19

（国家库统一编号：Zh.h 1401）

花19为山东莱西市杂交品种，中间型。

【特征特性】株型直立，疏枝，连续开花。主茎高32.7cm，侧枝长41.1cm，总分枝数10.1条，结果枝数6.8条，主茎节数18.6个。茎粗7.1mm，茎部花青素少量，呈浅紫色，茎枝茸毛稀短。小叶长椭圆形，绿色，叶中等大小，叶片茸毛少。花冠浅黄色，果针紫色。单株结果数23.9个，饱果率75.2%，单株生产力36.4g。荚果普通形，网纹浅，缩缢中，果嘴短钝。以双仁果为主，双仁果率82.7%。荚果大，果长3.9cm，果壳厚1.3mm。籽仁椭圆形或圆锥形，裂纹重，种皮粉红色，内种皮浅黄色。百果重288.5g，百仁重87.9g，出仁率70.4%。全生育期145d。

【休眠性】弱。

【品质成分】粗脂肪含量53.6%，粗蛋白含量29.1%，油酸含量47.2%，亚油酸含量34.7%，O/L为1.36。

【抗逆性】耐涝性弱，抗旱性中。

【抗病性】无青枯病、锈病和病毒病发生，中抗叶斑病。

【指纹图谱】

pPGPseq2C11	GNB556	Ah2TC11H06	Ah1TC5A06	GM2638	PM308	GNB329	AHS2037
439bp	68bp	198bp	162bp	73bp	86bp	220bp	312bp

徐 系 4 号

（国家库统一编号：Zh.h 1411）

徐系4号为江苏徐州市系选品种，珍珠豆型。

【特征特性】 株型直立，疏枝，连续开花。主茎高39.5cm，侧枝长48.5cm，总分枝数7.7条，结果枝数4.7条，主茎节数20.1个。茎粗8.2mm，茎部无花青素，呈绿色，茎枝茸毛密短。小叶长椭圆形，深绿色，叶极大，叶片茸毛多。花冠黄色，果针紫色。单株结果数17.9个，饱果率91.6%，单株生产力20.2g。荚果茧形或普通形，网纹平，缩缢浅，果嘴短钝。以双仁果为主，双仁果率45.3%。荚果中等大小，果长3.3cm，果壳厚1.5mm。籽仁椭圆形或桃形，裂纹轻，种皮红色，内种皮浅黄色。百果重178.1g，百仁重62.1g，出仁率71.0%。全生育期135d。

【休眠性】 弱。

【品质成分】 粗脂肪含量52.3%，粗蛋白含量29.3%，油酸含量44.5%，亚油酸含量36.4%，O/L为1.22。

【抗逆性】 耐涝性强，抗旱性弱。

【抗病性】 无青枯病发生，中抗叶斑病，中感病毒病，高感锈病。

【指纹图谱】

pPGPseq2C11	GNB556	Ah2TC11H06	Ah1TC5A06	GM2638	PM308	GNB329	AHS2037
439bp	71bp	206bp	162bp	65bp	82bp	235bp	312bp

鄂 花 3 号

（国家库统一编号：Zh.h 1416）

鄂花3号为湖北武汉市杂交品种，中间型。

【特征特性】株型直立，疏枝，连续开花。主茎高44.8cm，侧枝长52.3cm，总分枝数8.6条，结果枝数7.3条，主茎节数19.6个。茎粗7.2mm，茎部花青素少量，呈浅紫色，茎枝茸毛稀短。小叶椭圆形，绿色，叶大，叶片茸毛少。花冠浅黄色，果针紫色。单株结果数16.5个，饱果率54.7%，单株生产力14.5g。荚果普通形或斧头形，网纹深，缩缢中，果嘴短钝。以双仁果为主，双仁果率76.6%。荚果大，果长3.8cm，果壳厚1.4mm。籽仁椭圆形，裂纹中，种皮粉红色，内种皮橘红色。百果重186.7g，百仁重74.6g，出仁率61.5%。全生育期140d。

【休眠性】中。

【品质成分】粗脂肪含量52.2%，粗蛋白含量29.6%，油酸含量45.1%，亚油酸含量35.3%，O/L为1.28。

【抗逆性】耐涝性中，抗旱性强。

【抗病性】无青枯病、叶斑病和锈病发生，高感病毒病。

【指纹图谱】

pPGPseq2C11	GNB556	Ah2TC11H06	Ah1TC5A06	GM2638	PM308	GNB329	AHS2037
439bp	80bp	198bp	162bp	55bp	80bp	220bp	312bp

洪 洞 花 生

（国家库统一编号：Zh.h 1585）

洪洞花生为山西洪洞县农家品种，普通型。

【特征特性】 株型半匍匐，密枝，交替开花。主茎高35.3cm，侧枝长44.9cm，总分枝数33.6条，结果枝数7.3条，主茎节数20.4个。茎粗6.4mm，茎部无花青素，呈绿色，茎枝茸毛稀短。小叶倒卵形，绿色，叶较小，叶片茸毛少。花冠黄色，果针浅紫色。单株结果数22.1个，饱果率87.6%，单株生产力24.3g。荚果普通形，网纹浅，缩缢中，果嘴中。以双仁果为主，双仁果率90.6%。荚果中等大小，果长3.2cm，果壳厚1.4mm。籽仁椭圆形或圆锥形，无裂纹，种皮粉红色，内种皮橘红色。百果重162.2g，百仁重62.6g，出仁率68.9%。全生育期146d。

【休眠性】 强。

【品质成分】 粗脂肪含量52.7%，粗蛋白含量31.9%，油酸含量43.7%，亚油酸含量36.8%，O/L为1.19。

【抗逆性】 耐涝性中，抗旱性高。

【抗病性】 无青枯病、锈病和病毒病发生，中感叶斑病。

【指纹图谱】

pPGPseq2C11	GNB556	Ah2TC11H06	Ah1TC5A06	GM2638	PM308	GNB329	AHS2037
450bp	56bp	168bp	176bp	55bp	78bp	220bp	312bp

垟山头多粒

(国家库统一编号：Zh.h 1590)

垟山头多粒为浙江永嘉县农家品种，珍珠豆型。

【特征特性】 株型直立，疏枝，连续开花。主茎高46.7cm，侧枝长54.9cm，总分枝数13.5条，结果枝数7.7条，主茎节数17.3个。茎粗7.8mm，茎部无花青素，呈绿色，茎枝茸毛密短。小叶长椭圆形，绿色，叶极大，叶片茸毛极多。花冠黄色，果针紫色。单株结果数25.0个，饱果率79.7%，单株生产力21.4g。荚果茧形或葫芦形，网纹中，缩缢中，果嘴短钝。以双仁果为主，双仁果率85.4%。荚果小，果长2.5cm，果壳厚1.3mm。籽仁桃形，无裂纹，种皮粉红色，内种皮白色。百果重109.8.g，百仁重47.0g，出仁率68.5%。全生育期100d。

【休眠性】 中。

【品质成分】 粗脂肪含量53.0%，粗蛋白含量28.5%，油酸含量40.9%，亚油酸含量33.8%，O/L为1.21。

【抗逆性】 耐涝性和抗旱性均弱。

【抗病性】 无青枯病发生，高抗早斑病，中感病毒病和叶斑病，高感锈病。

【指纹图谱】

pPGPseq2C11	GNB556	Ah2TC11H06	Ah1TC5A06	GM2638	PM308	GNB329	AHS2037
439bp	58bp	198bp	180bp	65bp	80bp	211bp	312bp

普 陀 花 生

（国家库统一编号：Zh.h 1591）

普陀花生为浙江普陀县农家品种，珍珠豆型。

【特征特性】 株型直立，疏枝，连续开花。主茎高40.3cm，侧枝长46.3cm，总分枝数13.3条，结果枝数6.9条，主茎节数19.4个。茎粗6.5mm，茎部无花青素，呈绿色，茎枝茸毛密短。小叶椭圆形，绿色，叶大，叶片茸毛少。花冠黄色，果针浅紫色。单株结果数33.8个，饱果率84.8%，单株生产力22.5g。荚果茧形或葫芦形，网纹中，缩缢深，果嘴无。以双仁果为主，双仁果率81.5%。荚果小，果长2.3cm，果壳厚0.9mm。籽仁桃形或椭圆形，无裂纹，种皮淡黄色，内种皮白色。百果重85.8g，百仁重39.7g，出仁率75.4%。全生育期111d。

【休眠性】 强。

【品质成分】 粗脂肪含量53.9%，粗蛋白含量30.2%，油酸含量38.0%，亚油酸含量39.4%，O/L为0.97。

【抗逆性】 耐涝性中，抗旱性弱。

【抗病性】 无青枯病和病毒病发生，高感叶斑病和锈病。

【指纹图谱】

pPGPseq2C11	GNB556	Ah2TC11H06	Ah1TC5A06	GM2638	PM308	GNB329	AHS2037
439kb	56kb	182kb	176kb	57kb	82kb	235kb	312kb

多 粒 花 生

（国家库统一编号：Zh.h 1596）

多粒花生为广西都安县农家品种，龙生型。

【特征特性】株型半匍匐，密枝，交替开花。主茎高28.5cm，侧枝长35.2cm，总分枝数20.7条，结果枝数5.9条，主茎节数13.6个。茎粗5.7mm，茎部花青素少量，呈浅紫色，茎枝茸毛密长。小叶倒卵形，深绿色，叶较小，叶片茸毛多。花冠橘黄色，果针紫色。单株结果数15.9个，饱果率74.1%，单株生产力17.7g。荚果普通形，网纹深，缩缢浅，果嘴极锐。以双仁果为主，双仁果率60.6%。荚果超大，果长4.3cm，果壳厚1.5mm。籽仁椭圆形或圆锥形，无裂纹，种皮粉红色，内种皮橘红色。百果重151.5g，百仁重55.5g，出仁率61.8%。全生育期120d。

【休眠性】强。

【品质成分】粗脂肪含量51.3%，粗蛋白含量30.5%，油酸含量50.6%，亚油酸含量29.0%，O/L为1.74。

【抗逆性】耐涝性中，抗旱性弱。

【抗病性】无青枯病和锈病发生，高感病毒病和叶斑病。

【指纹图谱】

pPGPseq2C11	GNB556	Ah2TC11H06	Ah1TC5A06	GM2638	PM308	GNB329	AHS2037
439kb	71kb	182kb	176kb	77kb	82kb	235kb	312kb

蒙自十里铺红皮

（国家库统一编号：Zh.h 1597）

蒙自十里铺红皮为云南蒙自市农家品种，多粒型。

【特征特性】 株型直立，疏枝，连续开花。主茎高38.9cm，侧枝长46.8cm，总分枝数14.3条，结果枝数3.9条，主茎节数16.5个。茎粗6.4mm，茎部花青素少量，呈浅紫色，茎枝茸毛稀长。小叶倒卵形，深绿色，叶大，叶片茸毛极多。花冠黄色，果针紫色。单株结果数20.7个，饱果率87.1%，单株生产力24.6g。荚果串珠形或茧形，网纹浅，缩缢浅，果嘴短钝。以三仁果为主，三仁果率56.2%。荚果中等大小，果长3.3cm，果壳厚1.3mm。籽仁桃形或椭圆形，无裂纹，种皮紫红色，内种皮白色。百果重144.7g，百仁重60.7g，出仁率43.7%。全生育期120d。

【休眠性】 强。

【品质成分】 粗脂肪含量56.4%，粗蛋白含量28.0%，油酸含量40.8%，亚油酸含量36.9%，O/L为1.11。

【抗逆性】 耐涝性和抗旱性均弱。

【抗病性】 无青枯病、叶斑病和病毒病发生，高感锈病。

【指纹图谱】

pPGPseq2C11	GNB556	Ah2TC11H06	Ah1TC5A06	GM2638	PM308	GNB329	AHS2037
439kb	71kb	182kb	168kb	57kb	74kb	235kb	312kb

辽 中 四 粒 红

（国家库统一编号：Zh.h 1602）

辽中四粒红为辽宁辽中县农家品种，多粒型。

【特征特性】株型直立，疏枝，连续开花。主茎高25.5cm，侧枝长31.3cm，总分枝数7.6条，结果枝数4.9条，主茎节数13.9个。茎粗4.8mm，茎部花青素少量，呈浅紫色，茎枝茸毛稀长。小叶椭圆形，绿色，叶中等大小，叶片茸毛极多。花冠浅黄色，果针浅紫色。单株结果数16.6个，饱果率88.0%，单株生产力21.9g。荚果串珠形，网纹浅，缩缢浅，果嘴短。以三仁果为主，三仁果率56.3%。荚果大，果长3.8cm，果壳厚1.6mm。籽仁椭圆形或三角形，无裂纹，种皮红色，内种皮橘红色。百果重190.8g，百仁重53.7g，出仁率70.6%。全生育期120d。

【休眠性】强。

【品质成分】粗脂肪含量53.8%，粗蛋白含量33.3%，油酸含量42.5%，亚油酸含量38.6%，O/L为1.10。

【抗逆性】耐涝性强，抗旱性弱。

【抗病性】无青枯病发生，高抗病毒病和叶斑病，高感锈病。

【指纹图谱】

pPGPseq2C11	GNB556	Ah2TC11H06	Ah1TC5A06	GM2638	PM308	GNB329	AHS2037
403bp	56bp	182bp	188bp	55bp	80bp	220bp	312bp

P12

（国家库统一编号：Zh.h 1649）

P12为山东莱西市辐射品种，中间型。

【特征特性】株型直立，疏枝，连续开花。主茎高36.1cm，侧枝长43.4cm，总分枝数10.5条，结果枝数5.2条，主茎节数17.9个。茎粗5.9mm，茎部无花青素，呈绿色，茎枝茸毛稀短。小叶椭圆形，绿色，叶大，叶片茸毛多。花冠浅黄色，果针绿色。单株结果数30.3个，饱果率87.3%，单株生产力38.4g。荚果普通形或曲棍形，网纹浅，缩缢浅，果嘴锐。以双仁果为主，双仁果率69.1%。荚果中等大小，果长3.3cm，果壳厚0.9mm。籽仁椭圆形，裂纹中，种皮粉红色，内种皮橘红色。百果重175.7g，百仁重73.6g，出仁率75.4%。全生育期138d。

【休眠性】中。

【品质成分】粗脂肪含量52.2%，粗蛋白含量29.8%，油酸含量47.8%，亚油酸含量33.5%，O/L为1.43。

【抗逆性】耐涝性和抗旱性均弱。

【抗病性】无青枯病和锈病发生，高感病毒病和叶斑病。

【指纹图谱】

pPGPseq2C11	GNB556	Ah2TC11H06	Ah1TC5A06	GM2638	PM308	GNB329	AHS2037
439bp	58bp	206bp	168bp	65bp	92bp	211bp	312bp

临 县 花 生

（国家库统一编号：Zh.h 1672）

临县花生为山西临县农家品种，珍珠豆型。

【特征特性】株型直立，疏枝，连续开花。主茎高25.3cm，侧枝长29.9cm，总分枝数8.7条，结果枝数6.1条，主茎节数16.6个。茎粗5.3mm，茎部无花青素，呈绿色，茎枝茸毛稀短。小叶倒卵形，深绿色，叶中等大小，叶片茸毛多。花冠橘黄色，果针紫色。单株结果数19.6个，饱果率82.7%，单株生产力26.0g。荚果普通形或茧形，网纹中，缩缢中，果嘴中。以双仁果为主，双仁果率84.8%。荚果中等大小，果长3.3cm，果壳厚1.6mm。籽仁为椭圆形或桃形，裂纹轻，种皮淡黄色，内种皮白色。百果重190.2g，百仁重71.4g，出仁率70.7%。全生育期130d。

【休眠性】弱。

【品质成分】粗脂肪含量55.5%，粗蛋白含量29.3%，油酸含量43.2%，亚油酸含量37.0%，O/L为1.17。

【抗逆性】耐涝性强，抗旱性中。

【抗病性】无青枯病、锈病和病毒病发生，高感叶斑病。

【指纹图谱】

pPGPseq2C11	GNB556	Ah2TC11H06	Ah1TC5A06	GM2638	PM308	GNB329	AHS2037
439bp	62bp	206bp	168bp	55bp	80bp	223bp	327bp

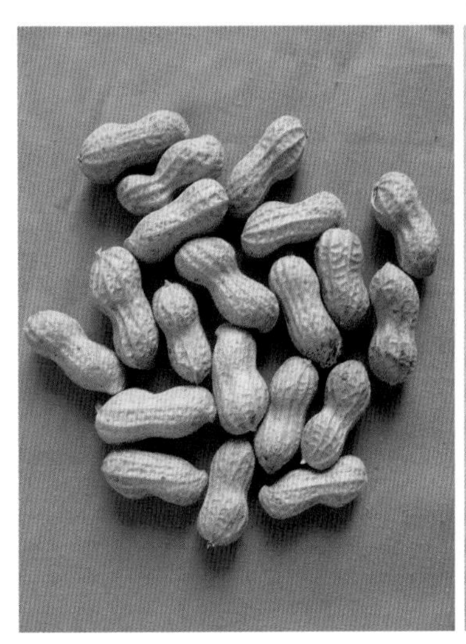

潢 川 直 杆

（国家库统一编号：Zh.h 1683）

潢川直杆为河南潢川县农家品种，珍珠豆型。

【特征特性】株型直立，疏枝，连续开花。主茎高43.8cm，侧枝长57.0cm，总分枝数14.6条，结果枝数11.5条，主茎节数19.5个。茎粗8.2mm，茎部花青素少量，呈浅紫色，茎枝茸毛稀短。小叶椭圆形，绿色，叶极大，叶片茸毛极多。花冠黄色，果针紫色。单株结果数39.4个，饱果率93.2%，单株生产力33.4g。荚果茧形或葫芦形，网纹中，缢缩深，果嘴无。以双仁果为主，双仁果率86.3%。荚果小，果长2.4cm，果壳厚1.0mm。籽仁桃形，无裂纹，种皮粉红色，内种皮白色。百果重102.8g，百仁重44.2g，出仁率72.9%。全生育期140d。

【休眠性】强。

【品质成分】粗脂肪含量52.5%，粗蛋白含量30.7%，油酸含量46.0%，亚油酸含量34.3%，O/L为1.34。

【抗逆性】耐涝性弱，抗旱性中。

【抗病性】无青枯病和锈病发生，中抗叶斑病，中感病毒病。

【指纹图谱】

pPGPseq2C11	GNB556	Ah2TC11H06	Ah1TC5A06	GM2638	PM308	GNB329	AHS2037
403bp	71/80bp	202bp	188bp	57bp	78bp	223bp	327bp

青川小花生

（国家库统一编号：Zh.h 1689）

青川小花生为四川青川县农家品种，多粒型。

【特征特性】株型直立，疏枝，连续开花。主茎高47.5cm，侧枝长54.3cm，总分枝数19.7条，结果枝数8.5条，主茎节数18.7个。茎粗7.9mm，茎部花青素少量，呈浅紫色，茎枝茸毛稀长。小叶倒卵形，绿色，叶大，叶片茸毛极多。花冠黄色，果针紫色。单株结果数18.7个，饱果率87.9%，单株生产力27.2g。荚果串珠形，网纹浅，缩缢浅，果嘴中。以三仁果为主，三仁果率43.2%。荚果大，果长3.8cm，果壳厚1.6mm。籽仁桃形或椭圆形，无裂纹，种皮淡黄色，内种皮白色。百果重166.6g，百仁重49.3g，出仁率70.5%。全生育期120d。

【休眠性】弱。

【品质成分】粗脂肪含量54.7%，粗蛋白含量29.7%，油酸含量43.2%，亚油酸含量37.0%，O/L为1.17。

【抗逆性】耐涝性弱，抗旱性中。

【抗病性】无青枯病发生，中抗叶斑病和锈病，高感病毒病。

【指纹图谱】

pPGPseq2C11	GNB556	Ah2TC11H06	Ah1TC5A06	GM2638	PM308	GNB329	AHS2037
461bp	56bp	198bp	172bp	45bp	78bp	223bp	327bp

紫 皮 天 三

(国家库统一编号：Zh.h 1714)

紫皮天三为四川南充市农家品种，普通型。

【特征特性】 株型直立，密枝，交替开花。主茎高45.5cm，侧枝长52.7cm，总分枝数16.5条，结果枝数7.2条，主茎节数20.1个。茎粗6.2mm，茎部花青素少量，呈浅紫色，茎枝茸毛稀短。小叶长椭圆形，黄绿色，叶大，叶片茸毛多。花冠浅黄色，果针浅紫色。单株结果数23.7个，饱果率74.2%，单株生产力39.8g。荚果普通形或蜂腰形，网纹浅，缩缢深，果嘴锐。以双仁果为主，双仁果率66.1%。荚果大，果长3.9cm，果壳厚1.3mm。籽仁椭圆形，裂纹轻，种皮粉红色，内种皮白色。百果重242.8g，百仁重92.0g，出仁率68.2%。全生育期135d。

【休眠性】 弱。

【品质成分】 粗脂肪含量50.2%，粗蛋白含量27.9%，油酸含量50.1%，亚油酸含量31.5%，O/L为1.59。

【抗逆性】 耐涝性弱，抗旱性强。

【抗病性】 无青枯病、锈病和病毒病发生，中抗早斑病。

【指纹图谱】

pPGPseq2C11	GNB556	Ah2TC11H06	Ah1TC5A06	GM2638	PM308	GNB329	AHS2037
439bp	56bp	206bp	172bp	55bp	86bp	220bp	312bp

阳　新　花　生

（国家库统一编号：Zh.h 1771）

阳新花生为湖北省阳新县农家品种，龙生型。

【特征特性】株型半匍匐，密枝，交替开花。主茎高38.5cm，侧枝长58.5cm，总分枝数24.7条，结果枝数4.7条，主茎节数19.2个。茎粗6.3mm，茎部花青素少量，呈浅紫色，茎枝茸毛密长。小叶宽倒卵形，浅绿色，叶较小，叶片茸毛极多。花冠黄色，果针浅紫色。单株结果数10.1个，饱果率64.2%，单株生产力13.1g。荚果蜂腰形或曲棍形，网纹深，缩缢深，果嘴锐。以双仁果为主，双仁果率64.9%。荚果大，果长3.8cm，果壳厚1.3mm。籽仁椭圆形，无裂纹，种皮粉红色，内种皮浅黄色。百果重183.1g，百仁重69.8g，出仁率64.2%。全生育期135d。

【休眠性】中。

【品质成分】粗脂肪含量53.8%，粗蛋白含量28.8%，油酸含量49.0%，亚油酸含量32.4%，O/L为1.51。

【抗逆性】耐涝性和抗旱性均弱。

【抗病性】无青枯病、锈病和叶斑病发生，中感病毒病。

【指纹图谱】

pPGPseq2C11	GNB556	Ah2TC11H06	Ah1TC5A06	GM2638	PM308	GNB329	AHS2037
439bp	80bp	198bp	176bp	63bp	78bp	211bp	312bp

早　花　生

（国家库统一编号：Zh.h 1777）

早花生为湖北大悟县农家品种，龙生型。

【特征特性】株型半匍匐，密枝，交替开花。主茎高35.5cm，侧枝长59.3cm，总分枝数28.0条，结果枝数10.2条，主茎节数18.6个。茎粗7.4mm，茎部花青素少量，呈浅紫色，茎枝茸毛密长。小叶倒卵形，绿色，叶较小，叶片茸毛极多。花冠橘黄色，果针紫色。单株结果数23.9个，饱果率81.6%，单株生产力35.8g。荚果曲棍形，网纹深，缩缢浅，果嘴中。以三仁果为主，三仁果率51.4%。荚果超大，果长4.4cm，果壳厚1.1mm。籽仁椭圆形或三角形，无裂纹，种皮淡黄色，内种皮橘红色。百果重191.3g，百仁重58.4g，出仁率68.3%。全生育期135d。

【休眠性】强。

【品质成分】粗脂肪含量52.6%，粗蛋白含量30.5%，油酸含量41.8%，亚油酸含量38.0%，O/L为1.10。

【抗逆性】耐涝性弱，抗旱性强。

【抗病性】无病毒病发生，中抗青枯病和叶斑病，中感锈病。

【指纹图谱】

pPGPseq2C11	GNB556	Ah2TC11H06	Ah1TC5A06	GM2638	PM308	GNB329	AHS2037
403bp	56bp	202bp	180bp	57bp	78bp	238bp	312bp

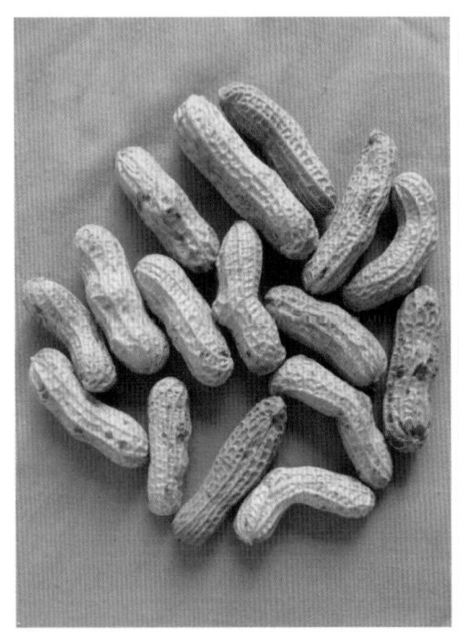
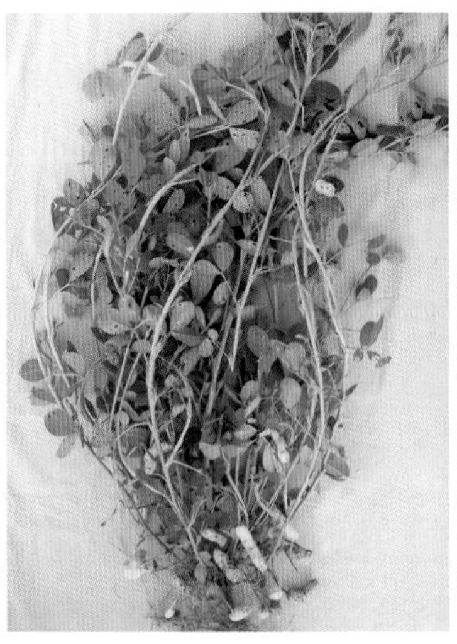

鄂 花 5 号

(国家库统一编号：Zh.h 1797)

鄂花5号为湖北武汉市杂交品种，龙生型。

【特征特性】 株型半匍匐，密枝，交替开花。主茎高22.9cm，侧枝长44.2cm，总分枝数24.2条，结果枝数7.3条，主茎节数16.3个。茎粗5.3mm，茎部花青素少量，呈浅紫色，茎枝茸毛密长。小叶倒卵形，绿色，叶较小，叶片茸毛极多。花冠黄色，果针紫色。单株结果数25.7个，饱果率82.6%，单株生产力25.8g。荚果曲棍形或蜂腰形，网纹深，缩缢中，果嘴锐。以三仁果为主，三仁果率62.5%。荚果中等大小，果长3.2cm，果壳厚1.2mm。籽仁椭圆形或圆锥形，无裂纹，种皮粉红色，内种皮橘红色。百果重133.2g，百仁重51.9g，出仁率70.2%。全生育期132d。

【休眠性】 中。

【品质成分】 粗脂肪含量54.6%，粗蛋白含量27.6%，油酸含量47.3%，亚油酸含量33.7%，O/L为1.40。

【抗逆性】 耐涝性和抗旱性均弱。

【抗病性】 无病毒病和锈病发生，高抗青枯病，中抗叶斑病。

【指纹图谱】

pPGPseq2C11	GNB556	Ah2TC11H06	Ah1TC5A06	GM2638	PM308	GNB329	AHS2037
418bp	62bp	206bp	168bp	73bp	80bp	220bp	315bp

金 寨 蔓 生

(国家库统一编号：Zh.h 1816)

金寨蔓生为安徽金寨县系选品种，普通型。

【特征特性】 株型直立，密枝，交替开花。主茎高39.8cm，侧枝长44.7cm，总分枝数29.9条，结果枝数8.5条，主茎节数20.7个。茎粗6.2mm，茎部无花青素，呈绿色，茎枝茸毛稀短。小叶椭圆形，黄绿色，叶较小，叶片茸毛极多。花冠浅黄色，果针紫色。单株结果数27.6个，饱果率64.5%，单株生产力23.6g。荚果普通形，网纹极深，缩缢中，果嘴极锐。以双仁果为主，双仁果率73.7%。荚果中等大小，果长3.2cm，果壳厚1.4mm。籽仁椭圆形，无裂纹，种皮粉红色，内种皮橘红色。百果重149.3g，百仁重65.3g，出仁率72.7%。全生育期112d。

【休眠性】 强。

【品质成分】 粗脂肪含量54.7%，粗蛋白含量26.5%，油酸含量45.6%，亚油酸含量35.3%，O/L为1.29。

【抗逆性】 耐涝性弱，抗旱性中。

【抗病性】 无青枯病、锈病和病毒病发生，中抗叶斑病。

【指纹图谱】

pPGPseq2C11	GNB556	Ah2TC11H06	Ah1TC5A06	GM2638	PM308	GNB329	AHS2037
439bp	56/71bp	182bp	168bp	73bp	82bp	214bp	312bp

安 化 小 籽

（国家库统一编号：Zh.h 1830）

安化小籽为湖南安化县农家品种，珍珠豆型。

【特征特性】 株型直立，疏枝，连续开花。主茎高43.5cm，侧枝长49.9cm，总分枝数11.5条，结果枝数4.7条，主茎节数21.4个。茎粗6.3mm，茎部无花青素，呈绿色，茎枝茸毛稀短。小叶椭圆形，浅绿色，叶大，叶片茸毛多。花冠黄色，果针浅紫色。单株结果数18.7个，饱果率78.2%，单株生产力17.3g。荚果茧形，网纹中，缩缢中，果嘴无。以双仁果为主，双仁果率86.3%。荚果中等大小，果长2.8cm，果壳厚1.3mm。籽仁桃形或椭圆形，无裂纹，种皮粉红色，内种皮白色。百果重120.3g，百仁重48.6g，出仁率69.8%。全生育期122d。

【休眠性】 强。

【品质成分】 粗脂肪含量54.4%，粗蛋白含量30.1%，油酸含量52.1%，亚油酸含量29.8%，O/L为1.75。

【抗逆性】 耐涝性和抗旱性均弱。

【抗病性】 无青枯病、病毒病和锈病发生，中抗叶斑病。

【指纹图谱】

pPGPseq2C11	GNB556	Ah2TC11H06	Ah1TC5A06	GM2638	PM308	GNB329	AHS2037
450bp	56bp	168bp	176bp	55bp	78bp	220bp	315bp

茶 陵 打 子

（国家库统一编号：Zh.h 1843）

茶陵打子为湖南茶陵县农家品种，普通型。

【特征特性】 株型直立，密枝，交替开花。主茎高42.9cm，侧枝长50.8cm，总分枝数23.1条，结果枝数10.8条，主茎节数20.9个。茎粗7.1mm，茎部无花青素，呈绿色，茎枝茸毛稀短。小叶倒卵形，绿色，叶中等大小，叶片茸毛多。花冠浅黄色，果针紫色。单株结果数23.9个，饱果率71.8%，单株生产力28.3g。荚果普通形或斧头形，网纹中，缩缢中，果嘴中。以双仁果为主，双仁果率67.2%。荚果中等大小，果长3.5cm，果壳厚0.9mm。籽仁椭圆形，裂纹中，种皮粉红色，内种皮白色。百果重186.0g，百仁重68.9g，出仁率71.8%。全生育期127d。

【休眠性】 中。

【品质成分】 粗脂肪含量54.6%，粗蛋白含量30.4%，油酸含量44.0%，亚油酸含量36.6%，O/L为1.20。

【抗逆性】 耐涝性弱，抗旱性强。

【抗病性】 无青枯病发生，中抗叶斑病和锈病，中感病毒病。

【指纹图谱】

pPGPseq2C11	GNB556	Ah2TC11H06	Ah1TC5A06	GM2638	PM308	GNB329	AHS2037
439bp	62bp	198bp	162bp	69/73bp	82bp	220bp	312bp

钩 豆

（国家库统一编号：Zh.h 1934）

钩豆为广东从化县农家品种，多粒型。

【特征特性】 株型直立，疏枝，连续开花。主茎高29.5cm，侧枝长45.7cm，总分枝数14.5条，结果枝数6.8条，主茎节数16.1个。茎粗6.3mm，茎部花青素少量，呈浅紫色，茎枝茸毛稀长。小叶椭圆形，深绿色，叶较小，叶片茸毛极多。花冠橘黄色，果针紫色。单株结果数14.1个，饱果率76.9%，单株生产力21.5g。荚果曲棍形，网纹中，缩缢浅，果嘴中。以三仁果为主，三仁果率65.2%。荚果超大，果长4.4cm，果壳厚1.3mm。籽仁椭圆形或桃形，无裂纹，种皮粉红色，内种皮白色。百果重258.0g，百仁重74.6g，出仁率69.8%。全生育期120d。

【休眠性】 弱。

【品质成分】 粗脂肪含量53.7%，粗蛋白含量28.9%，油酸含量51.2%，亚油酸含量30.8%，O/L为1.66。

【抗逆性】 耐涝性强，抗旱性强。

【抗病性】 无青枯病和病毒病发生，中感叶斑病，高感锈病。

【指纹图谱】

pPGPseq2C11	GNB556	Ah2TC11H06	Ah1TC5A06	GM2638	PM308	GNB329	AHS2037
439bp	56bp	202bp	168bp	63bp	80bp	208bp	312bp

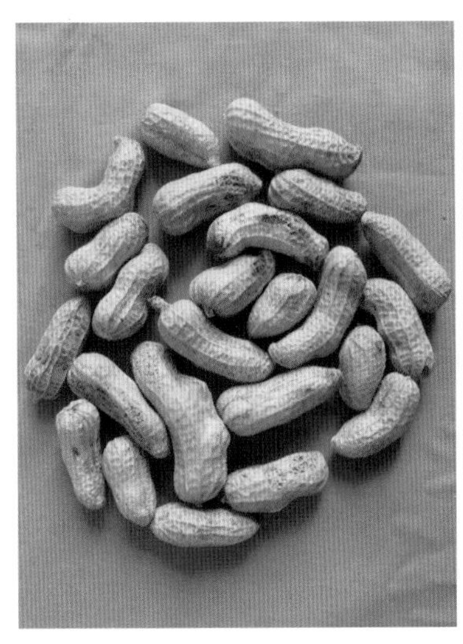

狮 油 红 4 号

（国家库统一编号：Zh.h 1961）

狮油红4号为广东澄海区杂交品种，中间型。

【特征特性】 株型直立，疏枝，交替开花。主茎高28.9cm，侧枝长51.8cm，总分枝数8.8条，结果枝数4.7条，主茎节数19.8个。茎粗6.6mm，茎部无花青素，呈绿色，茎枝茸毛稀短。小叶倒卵形，黄绿色，叶中等大小，叶片茸毛多。花冠浅黄色，果针紫色。单株结果数11.9个，饱果率84.3%，单株生产力12.5g。荚果普通形或斧头形，网纹深，缩缢深，果嘴锐。以双仁果为主，双仁果率73.6%。荚果中等大小，果长3.5cm，果壳厚1.4mm。籽仁椭圆形，无裂纹，种皮粉红色，内种皮橘红色。百果重157.5g，百仁重59.5g，出仁率64.5%。全生育期120d。

【休眠性】 强。

【品质成分】 粗脂肪含量48.7%，粗蛋白含量30.6%，油酸含量46.3%，亚油酸含量35.0%，O/L为1.32。

【抗逆性】 耐涝性弱，抗旱性中。

【抗病性】 无青枯病和病毒病发生，中感叶斑病和锈病。

【指纹图谱】

pPGPseq2C11	GNB556	Ah2TC11H06	Ah1TC5A06	GM2638	PM308	GNB329	AHS2037
439bp	71/80bp	142bp	168bp	77bp	86bp	211bp	312bp

粤　油　92

（国家库统一编号：Zh.h 2006）

粤油92为广东广州市杂交品种，龙生型。

【特征特性】株型匍匐，密枝，交替开花。主茎高31.1cm，侧枝长56.9cm，总分枝数28.4条，结果枝数5.3条，主茎节数16.6个。茎粗6.2mm，茎部花青素少量，呈浅紫色，茎枝茸毛密长。小叶倒卵形，浅绿色，叶中等大小，叶片茸毛多。花冠黄色，果针紫色。单株结果数15.1个，饱果率70.9%，单株生产力19.7g。荚果曲棍形，网纹深，缩缢浅，果嘴极锐。以三仁果为主，三仁果率34.8%。荚果超大，果长4.1cm，果壳厚1.5mm。籽仁椭圆形或圆锥形，无裂纹，种皮粉红色，内种皮橘红色。百果重215.1g，百仁重69.3g，出仁率70.4%。全生育期140d。

【休眠性】强。

【品质成分】粗脂肪含量52.7%，粗蛋白含量30.1%，油酸含量45.6%，亚油酸含量34.8%，O/L为1.31。

【抗逆性】耐涝性弱，抗旱性中。

【抗病性】无青枯病、锈病和叶斑病发生，高感病毒病。

【指纹图谱】

pPGPseq2C11	GNB556	Ah2TC11H06	Ah1TC5A06	GM2638	PM308	GNB329	AHS2037
403bp	62bp	198bp	176bp	55bp	78bp	235bp	321bp

浦 油 3 号

（国家库统一编号：Zh.h 2044）

浦油3号为福建漳浦县杂交品种，普通型。

【特征特性】 株型匍匐，密枝，交替开花。主茎高37.9cm，侧枝长55.9cm，总分枝数44.2条，结果枝数8.5条，主茎节数20.6个。茎粗6.8mm，茎部无花青素，呈绿色，茎枝茸毛稀短。小叶倒卵形，浅绿色，叶较小，叶片茸毛少。花冠黄色，果针紫色。单株结果数25.7个，饱果率55.1%，单株生产力21.4g。荚果普通形或蜂腰形，网纹深，缩缢中，果嘴极锐。以双仁果为主，双仁果率57.7%。荚果中等大小，果长3.6cm，果壳厚1.4mm。籽仁椭圆形，无裂纹，种皮粉红色，内种皮橘红色。百果重164.0g，百仁重72.4g，出仁率70.1%。全生育期120d。

【休眠性】 强。

【品质成分】 粗脂肪含量53.2%，粗蛋白含量30.8%，油酸含量46.3%，亚油酸含量34.2%，O/L为1.35。

【抗逆性】 耐涝性中，抗旱性强。

【抗病性】 无青枯病、锈病和病毒病发生，中抗早斑病。

【指纹图谱】

pPGPseq2C11	GNB556	Ah2TC11H06	Ah1TC5A06	GM2638	PM308	GNB329	AHS2037
439bp	56bp	206bp	168bp	55bp	78bp	220bp	321bp

黄　油　17

（国家库统一编号：Zh.h 2045）

黄油17为福建晋江市系选品种，普通型。

【特征特性】株型半匍匐，密枝，交替开花。主茎高39.1cm，侧枝长58.7cm，总分枝数29.7条，结果枝数6.9条，主茎节数18.7个。茎粗7.0mm，茎部花青素少量，呈浅紫色，茎枝茸毛稀短。小叶椭圆形，绿色，叶大，叶片茸毛少。花冠黄色，果针绿色。单株结果数14.5个，饱果率70.6%，单株生产力15.5g。荚果普通形或蜂腰形，网纹深，缩缢中，果嘴锐。以双仁果为主，双仁果率76.4%。荚果中等大小，果长3.4cm，果壳厚1.5mm。籽仁椭圆形，无裂纹，种皮粉红色，内种皮橘红色。百果重171.9g，百仁重64.1g，出仁率63.1%。全生育期120d。

【休眠性】强。

【品质成分】粗脂肪含量51.4%，粗蛋白含量30.3%，油酸含量48.2%，亚油酸含量32.4%，O/L为1.49。

【抗逆性】耐涝性弱，抗旱性中。

【抗病性】无青枯病、锈病和病毒病发生，中抗早斑病。

【指纹图谱】

pPGPseq2C11	GNB556	Ah2TC11H06	Ah1TC5A06	GM2638	PM308	GNB329	AHS2037
403bp	56bp	168bp	180bp	55bp	80bp	238bp	315bp

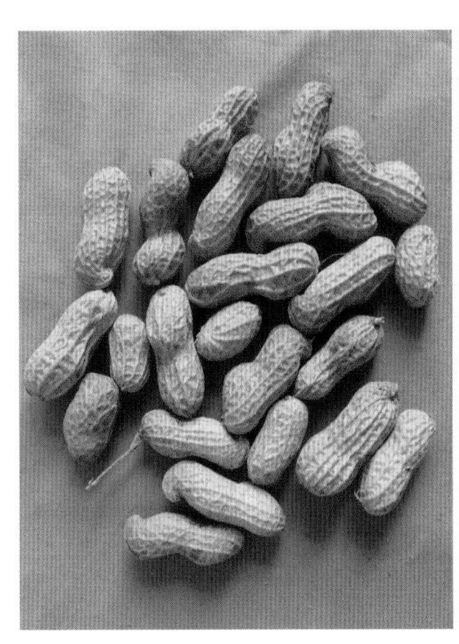

惠　红　40

(国家库统一编号：Zh.h 2056)

惠红40为福建惠安县小河镇杂交品种，普通型。

【特征特性】株型匍匐，密枝，交替开花。主茎高23.9cm，侧枝长48.2cm，总分枝数19.9条，结果枝数7.7条，主茎节数16.2个。茎粗5.3mm，茎部无花青素，呈绿色，茎枝茸毛密短。小叶倒卵形，绿色，叶中等大小，叶片茸毛多。花冠黄色，果针浅紫色。单株结果数13.3个，饱果率90.6%，单株生产力14.5g。荚果普通形或斧头形，网纹深，缩缢深，果嘴中。以双仁果为主，双仁果率71.4%。荚果中等大小，果长3.4cm，果壳厚1.6mm。籽仁椭圆形，无裂纹，种皮粉红色，内种皮橘红色。百果重151.5g，百仁重60.6g，出仁率60.9%。全生育期120d。

【休眠性】中。

【品质成分】粗脂肪含量51.9%，粗蛋白含量30.0%，油酸含量43.8%，亚油酸含量36.5%，O/L为1.20。

【抗逆性】耐涝性中，抗旱性弱。

【抗病性】无青枯病、锈病和病毒病发生，中抗叶斑病。

【指纹图谱】

pPGPseq2C11	GNB556	Ah2TC11H06	Ah1TC5A06	GM2638	PM308	GNB329	AHS2037
439bp	62bp	206bp	168bp	57bp	78bp	220bp	327bp

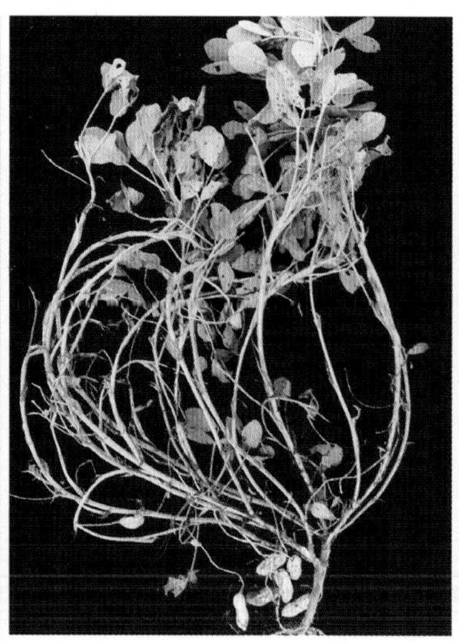

狮　头　企

（国家库统一编号：Zh.h 2069）

狮头企为广西上思县农家品种，珍珠豆型。

【特征特性】株型直立，疏枝，连续开花。主茎高31.0cm，侧枝长45.3cm，总分枝数14.7条，结果枝数7.1条，主茎节数18.9个。茎粗6.2mm，茎部花青素少量，呈浅紫色，茎枝茸毛密短。小叶倒卵形，深绿色，叶中等大小，叶片茸毛多。花冠橘黄色，果针紫色。单株结果数22.0个，饱果率76.4%，单株生产力15.9g。荚果茧形，网纹深，缩缢浅，果嘴短钝。以双仁果为主，双仁果率81.1%。荚果中等大小，果长2.8cm，果壳厚1.3mm。籽仁桃形或椭圆形，无裂纹，种皮粉红色，内种皮橘红色。百果重126.3g，百仁重55.3g，出仁率66.5%。全生育期120d。

【休眠性】强。

【品质成分】粗脂肪含量53.1%，粗蛋白含量30.3%，油酸含量43.1%，亚油酸含量37.1%，O/L为1.16。

【抗逆性】耐涝性和抗旱性均弱。

【抗病性】无青枯病、病毒病和锈病发生，中抗叶斑病。

【指纹图谱】

pPGPseq2C11	GNB556	Ah2TC11H06	Ah1TC5A06	GM2638	PM308	GNB329	AHS2037
403bp	62bp	210bp	180bp	57bp	78bp	223bp	342bp

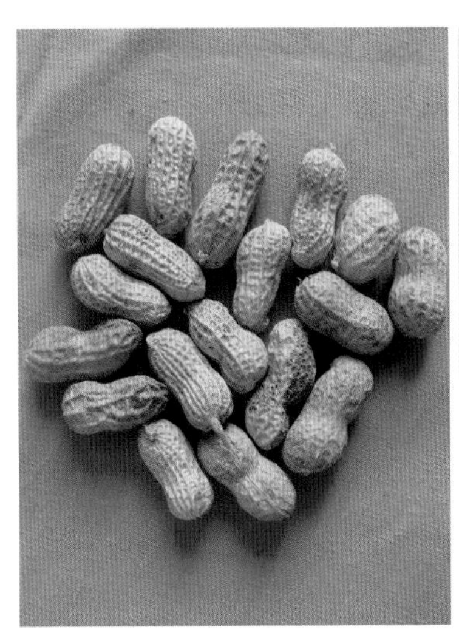

西 农 3 号

（国家库统一编号：Zh.h 2076）

西农3号为广西南宁市杂交品种，普通型。

【特征特性】株型直立，密枝，交替开花。主茎高37.2cm，侧枝长41.5cm，总分枝数18.9条，结果枝数11.1条，主茎节数15.1个。茎粗6.4mm，茎部花青素少量，呈浅紫色，茎枝茸毛稀短。小叶椭圆形，绿色，叶中等大小，叶片茸毛少。花冠黄色，果针浅紫色。单株结果数26.9个，饱果率79.0%，单株生产力39.0g。荚果普通形，网纹中，缩缢中，果嘴锐。以双仁果为主，双仁果率76.8%。荚果超大，果长4.2cm，果壳厚1.7mm。籽仁椭圆形，裂纹中，种皮粉红色，内种皮白色。百果重219.7g，百仁重84.9g，出仁率66.8%。全生育期120d。

【休眠性】弱。

【品质成分】粗脂肪含量54.7%，粗蛋白含量29.4%，油酸含量46.8%，亚油酸含量33.8%，O/L为1.39。

【抗逆性】耐涝性和抗旱性均弱。

【抗病性】无青枯病、病毒病和叶斑病发生，中感锈病。

【指纹图谱】

pPGPseq2C11	GNB556	Ah2TC11H06	Ah1TC5A06	GM2638	PM308	GNB329	AHS2037
403bp	56bp	182bp	188bp	55bp	80bp	232bp	342bp

西　农　040

（国家库统一编号：Zh.h 2100）

西农040为广西南宁市杂交品种，珍珠豆型。

【特征特性】株型直立，疏枝，连续开花。主茎高28.1cm，侧枝长35.4cm，总分枝数17.5条，结果枝数9.4条，主茎节数18.1个。茎粗6.6mm，茎部无花青素，呈绿色，茎枝茸毛密短。小叶宽倒卵形，绿色，叶较小，叶片茸毛多。花冠浅黄色，果针紫色。单株结果数32.3个，饱果率89.9%，单株生产力46.2g。荚果茧形，网纹浅，缩缢浅，果嘴无。以双仁果为主，双仁果率83.0%。荚果中等大小，果长3.1cm，果壳厚1.6mm。籽仁桃形，裂纹轻，种皮粉红色，内种皮白色。百果重191.3g，百仁重81.4g，出仁率78.7%。全生育期120d。

【休眠性】弱。

【品质成分】粗脂肪含量53.0%，粗蛋白含量30.0%，油酸含量46.5%，亚油酸含量34.2%，O/L为1.36。

【抗逆性】耐涝性中，抗旱性中。

【抗病性】无青枯病发生，高感锈病，中感病毒病和叶斑病。

【指纹图谱】

pPGPseq2C11	GNB556	Ah2TC11H06	Ah1TC5A06	GM2638	PM308	GNB329	AHS2037
439bp	86bp	210bp	172bp	73bp	80bp	220bp	312bp

南宁小花生

（国家库统一编号：Zh.h 2105）

南宁小花生为广西南宁市农家品种，珍珠豆型。

【特征特性】 株型直立，疏枝，连续开花。主茎高45.9cm，侧枝长52.7cm，总分枝数17.0条，结果枝数5.8条，主茎节数20.4个。茎粗7.4mm，茎部无花青素，呈绿色，茎枝茸毛密短。小叶椭圆形，绿色，叶大，叶片茸毛多。花冠黄色，果针浅紫色。单株结果数13.8个，饱果率79.6%，单株生产力12.8g。荚果茧形或普通形，网纹中，缩缢浅，果嘴短钝。以双仁果为主，双仁果率89.1%。荚果中等大小，果长2.8cm，果壳厚1.5mm。籽仁椭圆形或三角形，无裂纹，种皮粉红色，内种皮白色。百果重132.3g，百仁重49.6g，出仁率68.4%。全生育期118d。

【休眠性】 弱。

【品质成分】 粗脂肪含量54.6%，粗蛋白含量33.6%，油酸含量40.1%，亚油酸含量39.9%，O/L为1.01。

【抗逆性】 耐涝性强，抗旱性弱。

【抗病性】 无青枯病发生，高抗病毒病和叶斑病，高感锈病。

【指纹图谱】

pPGPseq2C11	GNB556	Ah2TC11H06	Ah1TC5A06	GM2638	PM308	GNB329	AHS2037
439bp	80bp	202bp	162bp	69bp	86bp	208bp	312bp

惠 水 花 生

（国家库统一编号：Zh.h 2152）

惠水花生为贵州惠水县农家品种，珍珠豆型。

【特征特性】 株型直立，疏枝，连续开花。主茎高42.0cm，侧枝长50.3cm，总分枝数9.0条，结果枝数7.4条，主茎节数23.5个。茎粗7.8mm，茎部无花青素，呈绿色，茎枝茸毛密短。小叶椭圆形，黄绿色，叶大，叶片茸毛多。花冠黄色，果针浅紫色。单株结果数34.5个，饱果率84.5%，单株生产力34.6g。荚果茧形，网纹中，缩缢中，果嘴无。以双仁果为主，双仁果率86.4%。荚果小，果长2.6cm，果壳厚1.4mm。籽仁桃形，裂纹轻，种皮紫色，内种皮白色。百果重137.8g，百仁重56.9g，出仁率70.0%。全生育期134d。

【休眠性】 强。

【品质成分】 粗脂肪含量51.6%，粗蛋白含量28.9%，油酸含量46.5%，亚油酸含量39.7%，O/L为1.17。

【抗逆性】 耐涝性和抗旱性均弱。

【抗病性】 无青枯病发生，中抗早斑病，中感病毒病，高感锈病和叶斑病。

【指纹图谱】

pPGPseq2C11	GNB556	Ah2TC11H06	Ah1TC5A06	GM2638	PM308	GNB329	AHS2037
439bp	62bp	168bp	180bp	65bp	78bp	220bp	315bp

绥阳扯花生

（国家库统一编号：Zh.h 2160）

绥阳扯花生为贵州绥阳县农家品种，珍珠豆型。

【特征特性】株型直立，疏枝，连续开花。主茎高37.5cm，侧枝长47.4cm，总分枝数13.6条，结果枝数6.7条，主茎节数18.9个。茎粗7.5mm，茎部无花青素，呈绿色，茎枝茸毛稀短。小叶椭圆形，绿色，叶中等大小，叶片茸毛少。花冠黄色，果针紫色。单株结果数35.3个，饱果率85.8%，单株生产力22.8g。荚果茧形，网纹浅，缩缢浅，无果嘴。以双仁果为主，双仁果率82.9%。荚果小，果长2.2cm，果壳厚1.1mm。籽仁桃形，无裂纹，种皮粉红色，内种皮浅黄色。百果重86.7g，百仁重36.5g，出仁率73.7%。全生育期120d。

【休眠性】强。

【品质成分】粗脂肪含量54.6%，粗蛋白含量30.3%，油酸含量44.7%，亚油酸含量36.2%，O/L为1.24。

【抗逆性】耐涝性弱，抗旱性中。

【抗病性】无青枯病和病毒病发生，高感叶斑病和锈病。

【指纹图谱】

pPGPseq2C11	GNB556	Ah2TC11H06	Ah1TC5A06	GM2638	PM308	GNB329	AHS2037
439bp	56bp	202bp	168bp	55bp	78bp	223bp	327bp

沈 阳 小 花 生

（国家库统一编号：Zh.h 2176）

沈阳小花生为辽宁沈阳市农家品种，普通型。

【特征特性】 株型直立，密枝，交替开花。主茎高28.9m，侧枝长47.7cm，总分枝数19.7条，结果枝数11.6条，主茎节数20.4个。茎粗7.3 mm，茎部无花青素，呈绿色，茎枝茸毛稀短。小叶宽倒卵形，绿色，叶中等大小，叶片茸毛极多。花冠橘黄色，果针紫色。单株结果数22.5个，饱果率75.7%，单株生产力20.3g。荚果普通形或斧头形，网纹浅，缩缢深，果嘴中。以双仁果为主，双仁果率51.6%。荚果中等大小，果长3.4cm，果壳厚0.9mm。籽仁椭圆形，无裂纹，种皮粉红色，内种皮橘红色。百果重160.5g，百仁重78.5g，出仁率74.5%。全生育期135d。

【休眠性】 强。

【品质成分】 粗脂肪含量53.0%，粗蛋白含量31.5%，油酸含量42.5%，亚油酸含量37.7%，O/L为1.13。

【抗逆性】 耐涝性强，抗旱性弱。

【抗病性】 无青枯病发生，中抗叶斑病，中感病毒病和锈病。

【指纹图谱】

pPGPseq2C11	GNB556	Ah2TC11H06	Ah1TC5A06	GM2638	PM308	GNB329	AHS2037
418bp	56/71bp	182bp	176bp	57bp	80bp	232bp	342bp

永宁小花生

（国家库统一编号：Zh.h 2177）

永宁小花生为辽宁瓦房店市农家品种，普通型。

【特征特性】株型匍匐，密枝，交替开花。主茎高24.5cm，侧枝长47.4cm，总分枝数24.7条，结果枝数4.3条，主茎节数17.5个。茎粗6.4mm，茎部花青素少量，呈浅紫色，茎枝茸毛稀短。小叶倒卵形，绿色，叶较小，叶片茸毛少。花冠黄色，果针紫色。单株结果数7.3个，饱果率71.8%，单株生产力5.3g。荚果普通形，网纹中，缩缢中，果嘴中。以双仁果为主，双仁果率82.0%。荚果中等大小，果长3.0cm，果壳厚1.2mm。籽仁椭圆形或圆锥形，无裂纹，种皮粉红色，内种皮橘红色。百果重112.2g，百仁重49.2g，出仁率64.2%。全生育期137d。

【休眠性】弱。

【品质成分】粗脂肪含量52.9%，粗蛋白含量30.6%，油酸含量43.8%，亚油酸含量36.7%，O/L为1.19。

【抗逆性】耐涝性强，不抗旱。

【抗病性】无青枯病、病毒病和锈病发生，高感叶斑病。

【指纹图谱】

pPGPseq2C11	GNB556	Ah2TC11H06	Ah1TC5A06	GM2638	PM308	GNB329	AHS2037
450bp	62bp	168bp	180bp	55bp	80bp	235bp	321bp

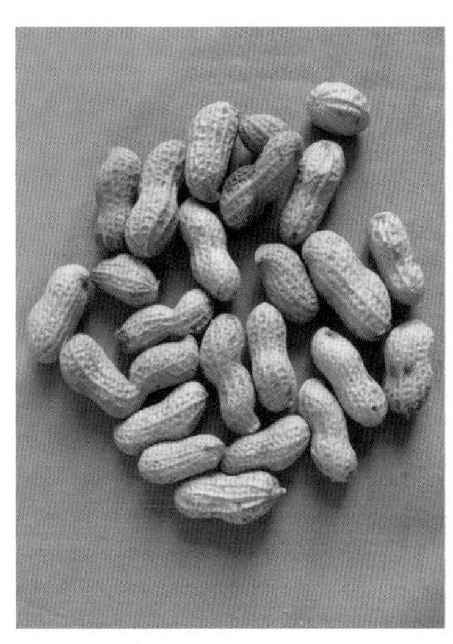

沂 南 四 粒 糙

（国家库统一编号：Zh.h 2208）

沂南四粒糙为山东沂南县农家品种，龙生型。

【特征特性】 株型匍匐，密枝，交替开花。主茎高31.8cm，侧枝长52.9cm，总分枝数18.7条，结果枝数6.9条，主茎节数19.1个。茎粗6.3mm，茎部花青素少量，呈浅紫色，茎枝茸毛密长。小叶倒卵形，深绿色，叶较小，叶片茸毛多。花冠黄色，果针紫色。单株结果数16.5个，饱果率63.7%，单株生产力19.2g。荚果曲棍形，网纹极深，缩缢中，果嘴锐。以三仁果为主，三仁果率44.3%。荚果超大，果长4.2cm，果壳厚1.3mm。籽仁椭圆形，无裂纹，种皮淡黄色，内种皮橘红色。百果重193.3g，百仁重71.9g，出仁率72.3%。全生育期150d。

【休眠性】 强。

【品质成分】 粗脂肪含量53.9%，粗蛋白含量29.2%，油酸含量45.5%，亚油酸含量34.7%，O/L为1.31。

【抗逆性】 耐涝性弱，抗旱性强。

【抗病性】 无青枯病、锈病和病毒病发生，高抗叶斑病。

【指纹图谱】

pPGPseq2C11	GNB556	Ah2TC11H06	Ah1TC5A06	GM2638	PM308	GNB329	AHS2037
439bp	71bp	182bp	192bp	63bp	82bp	235bp	312bp

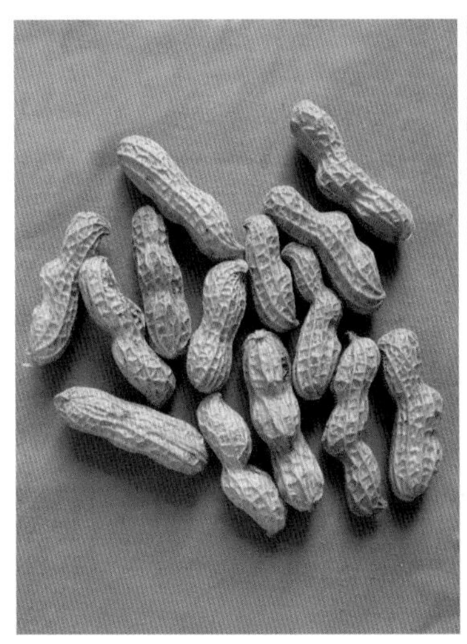  

熊　罗　9　号

（国家库统一编号：Zh.h 2224）

熊罗9号为四川南充市杂交品种，龙生型。

【特征特性】株型半匍匐，密枝，交替开花。主茎高23.0cm，侧枝长40.9cm，总分枝数18.4条，结果枝数4.7条，主茎节数18.1个。茎粗5.9mm，茎部花青素少量，呈浅紫色，茎枝茸毛密长。小叶椭圆形，绿色，叶中等大小，叶片茸毛少。花冠浅黄色，果针浅紫色。单株结果数17.7个，饱果率85.3%，单株生产力17.6g。荚果普通形或曲棍形，网纹中，缩缢浅，果嘴中。以双仁果为主，双仁果率67.2%。荚果中等大小，果长3.6cm，果壳厚1.5mm。籽仁椭圆形或圆锥形，无裂纹，种皮粉红色，内种皮橘红色。百果重139.6g，百仁重56.4g，出仁率67.5%。全生育期140d。

【休眠性】强。

【品质成分】粗脂肪含量50.8%，粗蛋白含量29.3%，油酸含量51.7%，亚油酸含量31.1%，O/L为1.66。

【抗逆性】耐涝性弱，抗旱性中。

【抗病性】无青枯病和病毒病发生，中抗叶斑病，中感锈病。

【指纹图谱】

pPGPseq2C11	GNB556	Ah2TC11H06	Ah1TC5A06	GM2638	PM308	GNB329	AHS2037
439bp	68bp	168bp	180bp	63bp	82bp	214bp	312bp

大伏抚罗1号

（国家库统一编号：Zh.h 2231）

大伏抚罗1号为四川南充市杂交品种，龙生型。

【特征特性】株型半匍匐，密枝，交替开花。主茎高37.9cm，侧枝长42.8cm，总分枝数32.2条，结果枝数10.3条，主茎节数19.3个。茎粗5.9mm，茎部花青素少量，呈浅紫色，茎枝茸毛密长。小叶倒卵形，黄绿色，叶较小，叶片茸毛极多。花冠黄色，果针紫色。单株结果数30.8个，饱果率66.9%，单株生产力26.8g。荚果普通形，网纹深，缩缢中，果嘴极锐。以双仁果为主，双仁果率72.4%。荚果中等大小，果长3.2cm，果壳厚1.2mm。籽仁椭圆形，无裂纹，种皮粉红色，内种皮橘红色。百果重151.4g，百仁重68.5g，出仁率72.5%。全生育期145d。

【休眠性】强。

【品质成分】粗脂肪含量53.2%，粗蛋白含量29.2%，油酸含量47.8%，亚油酸含量34.2%，O/L为1.40。

【抗逆性】耐涝性弱，不抗旱。

【抗病性】无青枯病、锈病、病毒病和叶斑病发生。

【指纹图谱】

pPGPseq2C11	GNB556	Ah2TC11H06	Ah1TC5A06	GM2638	PM308	GNB329	AHS2037
439bp	80bp	168bp	168bp	65bp	82bp	220bp	312bp

江 津 小 花 生

（国家库统一编号：Zh.h 2248）

江津小花生为重庆江津区农家品种，普通型。

【特征特性】 株型半匍匐，密枝，交替开花。主茎高37.3cm，侧枝长54.3cm，总分枝数25.4条，结果枝数4.8条，主茎节数18.8个。茎粗7.6mm，茎部无花青素，呈绿色，茎枝茸毛稀短。小叶椭圆形，深绿色，叶中等大小，叶片茸毛多。花冠黄色，果针浅紫色。单株结果数13.7个，饱果率73.2%，单株生产力10.9g。荚果普通形，网纹中，缩缢浅，果嘴短钝。以双仁果为主，双仁果率81.9%，荚果中等大小，果长2.9cm，果壳厚1.6mm。籽仁椭圆形或三角形，无裂纹，种皮粉红色，内种皮橘红色。百果重125.5g，百仁重50.3g，出仁率61.5%。全生育期130d。

【休眠性】 强。

【品质成分】 粗脂肪含量52.2%，粗蛋白含量28.9%，油酸含量49.3%，亚油酸含量32.8%，O/L为1.50。

【抗逆性】 耐涝性中，抗旱性强。

【抗病性】 无青枯病和病毒病发生，中抗叶斑病和锈病。

【指纹图谱】

pPGPseq2C11	GNB556	Ah2TC11H06	Ah1TC5A06	GM2638	PM308	GNB329	AHS2037
439bp	68bp	206bp	162bp	73bp	74bp	214bp	312bp

浒山半旱种

（国家库统一编号：Zh.h 2292）

浒山半旱种为浙江慈溪市农家品种，普通型。

【特征特性】株型半匍匐，密枝，交替开花。主茎高33.3cm，侧枝长61.1cm，总分枝数17.2条，结果枝数4.9条，主茎节数18.4个。茎粗6.4mm，茎部无花青素，呈绿色，茎枝茸毛密短。小叶倒卵形，深绿色，叶较小，叶片茸毛极多。花冠黄色，果针紫色。单株结果数10.5个，饱果率67.5%，单株生产力8.0g。荚果普通形，网纹中，缩缢中，果嘴中。以双仁果为主，双仁果率85.2%。荚果中等大小，果长3.3cm，果壳厚1.3mm。籽仁椭圆形或三角形，无裂纹，种皮粉红色，内种皮橘红色。百果重130.3g，百仁重63.6g，出仁率65.9%。全生育期130d。

【休眠性】强。

【品质成分】粗脂肪含量50.4%，粗蛋白含量28.5%，油酸含量51.3%，亚油酸含量31.7%，O/L为1.62。

【抗逆性】耐涝性强，抗旱性弱。

【抗病性】无青枯病发生，高抗病毒病和锈病，高感叶斑病。

【指纹图谱】

pPGPseq2C11	GNB556	Ah2TC11H06	Ah1TC5A06	GM2638	PM308	GNB329	AHS2037
385bp	56bp	210bp	172bp	57bp	74bp	223bp	312bp

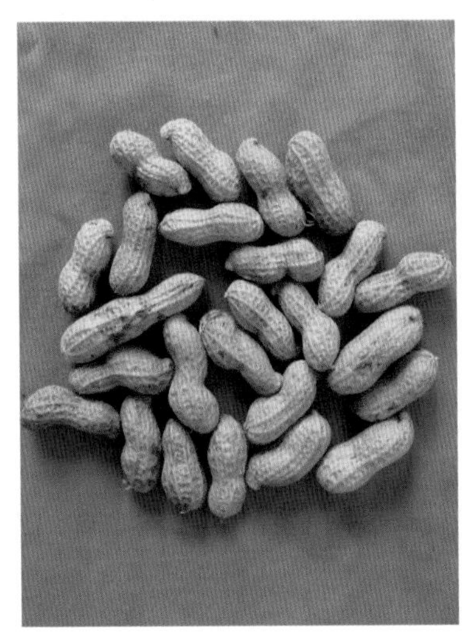

长沙土子花生

（国家库统一编号：Zh.h 2294）

长沙土子花生为湖南长沙县农家品种，普通型。

【特征特性】 株型半匍匐，密枝，交替开花。主茎高29.0cm，侧枝长43.0cm，总分枝数19.2条，结果枝数5.8条，主茎节数15.9个。茎粗5.6mm，茎部无花青素，呈绿色，茎枝茸毛稀短。小叶椭圆形，绿色，叶较小，叶片茸毛多。花冠黄色，果针浅紫色。单株结果数15.7个，饱果率75.7%，单株生产力20.6g。荚果普通形，网纹中，缩缢中，果嘴中。以双仁果为主，双仁果率74.3%。荚果大，果长4.2cm，果壳厚1.6mm。籽仁椭圆形，裂纹轻，种皮粉红色，内种皮橘红色。百果重191.8g，百仁重87.0g，出仁率67.8%。全生育期145d。

【休眠性】 弱。

【品质成分】 粗脂肪含量52.8%，粗蛋白含量29.4%，油酸含量45.6%，亚油酸含量35.5%，O/L为1.29。

【抗逆性】 耐涝性和抗旱性均弱。

【抗病性】 高抗青枯病，中感病毒病、叶斑病和锈病。

【指纹图谱】

pPGPseq2C11	GNB556	Ah2TC11H06	Ah1TC5A06	GM2638	PM308	GNB329	AHS2037
439bp	77bp	182bp	176bp	73bp	78bp	238bp	312bp

全州凤凰花生

（国家库统一编号：Zh.h 2330）

全州凤凰花生为广西全州县农家品种，龙生型。

【特征特性】 株型匍匐，密枝，交替开花。主茎高25.7cm，侧枝长42.9cm，总分枝数26.7条，结果枝数5.8条，主茎节数18.0个。茎粗4.8mm，茎部花青素少量，呈浅紫色，茎枝茸毛密长。小叶椭圆形，绿色，叶较小，叶片茸毛少。花冠黄色，果针浅紫色。单株结果数18.2个，饱果率67.0%，单株生产力15.9g。荚果曲棍形或普通形，网纹深，缩缢浅，果嘴锐。以三仁果为主，三仁果率58.4%。荚果中等大小，果长3.7cm，果壳厚1.2mm。籽仁椭圆形为主，无裂纹，种皮粉红色，内种皮橘红色。百果重138.8g，百仁重46.7g，出仁率52.2%。全生育期160d。

【休眠性】 强。

【品质成分】 粗脂肪含量51.6%，粗蛋白含量27.6%，油酸含量49.0%，亚油酸含量32.2%，O/L为1.52。

【抗逆性】 耐涝性和抗旱性均弱。

【抗病性】 无锈病发生，高抗青枯病，中抗叶斑病，高感病毒病。

【指纹图谱】

pPGPseq2C11	GNB556	Ah2TC11H06	Ah1TC5A06	GM2638	PM308	GNB329	AHS2037
439bp	71/80bp	142bp	176bp	73bp	80bp	208bp	312bp

鹿寨大花生

（国家库统一编号：Zh.h 2360）

鹿寨大花生为广西鹿寨县农家品种，龙生型。

【特征特性】株型半匍匐，密枝，交替开花。主茎高36.0cm，侧枝长58.8cm，总分枝数28.9条，结果枝数5.7条，主茎节数21.3个。茎粗7.5mm，茎部花青素少量，呈浅紫色，茎枝茸毛密长。小叶倒卵形，绿色，叶较小，叶片茸毛多。花冠黄色，果针浅紫色。单株结果数8.4个，饱果率73.8%，单株生产力7.7g。荚果曲棍形或蜂腰形，网纹深，缩缢深，果嘴极锐。以双仁果为主，双仁果率81.5%。荚果中等大小，果长3.6cm，果壳厚1.0mm。籽仁椭圆形，无裂纹，种皮粉红色，内种皮橘红色。百果重142.8g，百仁重59.4g，出仁率72.6%。全生育期160d。

【休眠性】强。

【品质成分】粗脂肪含量53.2%，粗蛋白含量32.1%，油酸含量49.2%，亚油酸含量32.3%，O/L为1.52。

【抗逆性】耐涝性弱，抗旱性高。

【抗病性】无青枯病和锈病发生，中抗旱斑病，中感病毒病和叶斑病。

【指纹图谱】

pPGPseq2C11	GNB556	Ah2TC11H06	Ah1TC5A06	GM2638	PM308	GNB329	AHS2037
403bp	68bp	198bp	156bp	65bp	86bp	214bp	312bp

大　只　豆

（国家库统一编号：Zh.h 2374）

大只豆为广东惠阳区农家品种，普通型。

【特征特性】 株型半匍匐，密枝，交替开花。主茎高35.2cm，侧枝长55.4cm，总分枝数24.9条，结果枝数5.9条，主茎节数19.8个。茎粗7.5mm，茎部无花青素，呈绿色，茎枝茸毛密短。小叶椭圆形，绿色，叶中等大小，叶片茸毛多。花冠黄色，果针浅紫色。单株结果数19.1个，饱果率59.1%，单株生产力14.5g。荚果普通形或斧头形，网纹中，缩缢中，果嘴中。以双仁果为主，双仁果率74.0%。荚果中等大小，果长3.3cm，果壳厚1.4mm。籽仁椭圆形或三角形，无裂纹，种皮粉偏红色，内种皮橘红色。百果重143.1g，百仁重62.0g，出仁率64.6%。全生育期130d。

【休眠性】 中。

【品质成分】 粗脂肪含量51.5%，粗蛋白含量29.5%，油酸含量47.0%，亚油酸含量34.2%，O/L为1.37。

【抗逆性】 耐涝性弱，抗旱性中。

【抗病性】 无青枯病发生，中抗叶斑病，高感病毒病和锈病。

【指纹图谱】

pPGPseq2C11	GNB556	Ah2TC11H06	Ah1TC5A06	GM2638	PM308	GNB329	AHS2037
385bp	56/71bp	206bp	180bp	55bp	78bp	223bp	312bp

大 虱 督

（国家库统一编号：Zh.h 2376）

大虱督为广东惠阳县农家品种，龙生型。

【特征特性】株型半匍匐，密枝，交替开花。主茎高23.9cm，侧枝长49.1cm，总分枝数21.1条，结果枝数8.7条，主茎节数16.7个。茎粗6.2mm，茎部花青素少量，呈浅紫色，茎枝茸毛密长。小叶椭圆形，绿色，叶较小，叶片茸毛极多。花冠浅黄色，果针紫色。单株结果数25.1个，饱果率86.4%，单株生产力38.3g。荚果曲棍形，网纹深，缩缢浅，果嘴锐。以三仁果为主，三仁果率53.0%。荚果大，果长3.9cm，果壳厚1.7mm。籽仁椭圆形或三角形，无裂纹，种皮粉红色，内种皮橘红色。百果重202.7g，百仁重81.1g，出仁率63.2%。全生育期160d。

【休眠性】强。

【品质成分】粗脂肪含量51.5%，粗蛋白含量28.4%，油酸含量50.4%，亚油酸含量31.0%，O/L为1.63。

【抗逆性】耐涝性弱，抗旱性中。

【抗病性】无青枯病和锈病发生，高感病毒病，中感叶斑病。

【指纹图谱】

pPGPseq2C11	GNB556	Ah2TC11H06	Ah1TC5A06	GM2638	PM308	GNB329	AHS2037
439bp	80bp	182bp	168bp	73bp	86bp	214bp	312bp

大　叶　豆

（国家库统一编号：Zh.h 2378）

大叶豆为广西博罗县农家品种，普通型。

【特征特性】 株型匍匐，密枝，交替开花。主茎高36.9cm，侧枝长48.5cm，总分枝数25.3条，结果枝数10.3条，主茎节数17.5个。茎粗7.4mm，茎部无花青素，呈绿色，茎枝茸毛密短。小叶倒卵形，深绿色，叶中等大小，叶片茸毛多。花冠橘黄色，果针紫色。单株结果数21.4个，饱果率67.6%，单株生产力33.9g。荚果普通形，网纹中，缩缢中，果嘴中。以双仁果为主，双仁果率84.7%。荚果超大，果长4.5cm，果壳厚1.7mm。籽仁椭圆形，无裂纹，种皮粉红色，内种皮橘红色。百果重226.3g，百仁重99.1g，出仁率66.1%。全生育期170d。

【休眠性】 中。

【品质成分】 粗脂肪含量53.1%，粗蛋白含量28.5%，油酸含量50.7%，亚油酸含量30.3%，O/L为1.68。

【抗逆性】 耐涝性弱，抗旱性强。

【抗病性】 无青枯病、病毒病和锈病发生，中感叶斑病。

【指纹图谱】

pPGPseq2C11	GNB556	Ah2TC11H06	Ah1TC5A06	GM2638	PM308	GNB329	AHS2037
439bp	80bp	198bp	168bp	73bp	82bp	208bp	312bp

大 直 丝

（国家库统一编号：Zh.h 2380）

大直丝为广东南雄市农家品种，龙生型。

【特征特性】 株型匍匐，密枝，交替开花。主茎高36.9cm，侧枝长52.1cm，总分枝数21.9条，结果枝数5.3条，主茎节数17.5个。茎粗7.5mm，茎部花青素少量，呈浅紫色，茎枝茸毛密长。小叶倒卵形，深绿色，叶大，叶片茸毛少。花冠黄色，果针紫色。单株结果数12.4个，饱果率80.9%，单株生产力15.4g。荚果普通形或曲棍形，网纹深，缩缢浅，果嘴锐。以双仁果为主，双仁果率77.3%。荚果大，果长3.9cm，果壳厚1.5mm。籽仁椭圆形，无裂纹，种皮粉红色，内种皮橘红色。百果重172.1g，百仁重65.7g，出仁率64.2%。全生育期170d。

【休眠性】 强。

【品质成分】 粗脂肪含量52.6%，粗蛋白含量29.5%，油酸含量44.9%，亚油酸含量35.7%，O/L为1.26。

【抗逆性】 耐涝性和抗旱性均弱。

【抗病性】 无叶斑病、病毒病和锈病发生，高抗青枯病。

【指纹图谱】

pPGPseq2C11	GNB556	Ah2TC11H06	Ah1TC5A06	GM2638	PM308	GNB329	AHS2037
439bp	56bp	202bp	168bp	55bp	78bp	208bp	312bp

英德鸡豆仔

（国家库统一编号：Zh.h 2387）

英德鸡豆仔为广东英德市农家品种，珍珠豆型。

【特征特性】株型直立，疏枝，连续开花。主茎高42.1cm，侧枝长46.6cm，总分枝数14.3条，结果枝数6.9条，主茎节数18.5个。茎粗7.9mm，茎部无花青素，呈绿色，茎枝茸毛密短。小叶长椭圆形，深绿色，叶大，叶片茸毛多。花冠浅黄色，果针紫色。单株结果数29.7个，饱果率79.4%，单株生产力24.5g。荚果茧形或葫芦形，网纹浅，缩缢中，果嘴无。以双仁果为主，双仁果率84.1%。荚果小，果长2.4cm，果壳厚1.1mm。籽仁桃形，无裂纹，种皮粉红色，内种皮白色。百果重102.7g，百仁重44.4g，出仁率68.7%。全生育期125d。

【休眠性】强。

【品质成分】粗脂肪含量54.0%，粗蛋白含量29.2%，油酸含量47.2%，亚油酸含量34.5%，O/L为1.37。

【抗逆性】耐涝性弱，抗旱性中。

【抗病性】高抗青枯病，高感病毒病、叶斑病和锈病。

【指纹图谱】

pPGPseq2C11	GNB556	Ah2TC11H06	Ah1TC5A06	GM2638	PM308	GNB329	AHS2037
439bp	80bp	210bp	168bp	65bp	86bp	214bp	312bp

福 山 小 麻 脸

（国家库统一编号：Zh.h 2404）

福山小麻脸为山东福山县农家品种，普通型。

【特征特性】 株型半匍匐，密枝，交替开花。主茎高26.7cm，侧枝长36.1cm，总分枝数18.9条，结果枝数7.5条，主茎节数16.8个。茎粗7.0mm，茎部无花青素，呈绿色，茎枝茸毛稀短。小叶长椭圆形，浅绿色，叶较小，叶片茸毛少。花冠浅黄色，果针紫色。单株结果数26.9个，饱果率74.9%，单株生产力39.9g。荚果普通形或蜂腰形，网纹平，缩缢中，果嘴中。以双仁果为主，双仁果率85.1%。荚果中等大小，果长3.7cm，果壳厚1.2mm。籽仁椭圆形，裂纹重，种皮粉红色，内种皮浅黄色。百果重237.3g，百仁重94.0g，出仁率68.6%。全生育期150d。

【休眠性】 弱。

【品质成分】 粗脂肪含量55.3%，粗蛋白含量28.9%，油酸含量46.9%，亚油酸含量33.9%，O/L为1.38。

【抗逆性】 耐涝性弱，抗旱性中。

【抗病性】 无青枯病、叶斑病和病毒病发生，中感锈病。

【指纹图谱】

pPGPseq2C11	GNB556	Ah2TC11H06	Ah1TC5A06	GM2638	PM308	GNB329	AHS2037
439bp	71bp	168bp	172bp	65bp	86bp	214bp	312bp

试 花 1 号

（国家库统一编号：Zh.h 2405）

试花1号为山东文登区农家品种，普通型。

【特征特性】株型直立，密枝，交替开花。主茎高21.8cm，侧枝长27.1cm，总分枝数32.1条，结果枝数9.3条，主茎节数17.3个。茎粗6.6mm，茎部无花青素，呈绿色，茎枝茸毛稀短。小叶椭圆形，绿色，叶中等大小，叶片茸毛少。花冠浅黄色，果针浅紫色。单株结果数24.8个，饱果率94.1%，单株生产力43.8g。荚果普通形，网纹中，缩缢中，果嘴中。以双仁果为主，双仁果率78.0%。荚果超大，果长4.2cm，果壳厚1.4mm。籽仁椭圆形，无裂纹，种皮粉红色，内种皮白色。百果重239.0g，百仁重90.3g，出仁率44.9%。全生育期156d。

【休眠性】中。

【品质成分】粗脂肪含量53.0%，粗蛋白含量28.2%，油酸含量46.8%，亚油酸含量34.7%，O/L为1.35。

【抗逆性】耐涝性弱，不抗旱。

【抗病性】无青枯病和锈病发生，中感叶斑病，高感病毒病。

【指纹图谱】

pPGPseq2C11	GNB556	Ah2TC11H06	Ah1TC5A06	GM2638	PM308	GNB329	AHS2037
439bp	56bp	182bp	176bp	55bp	92bp	235bp	312bp

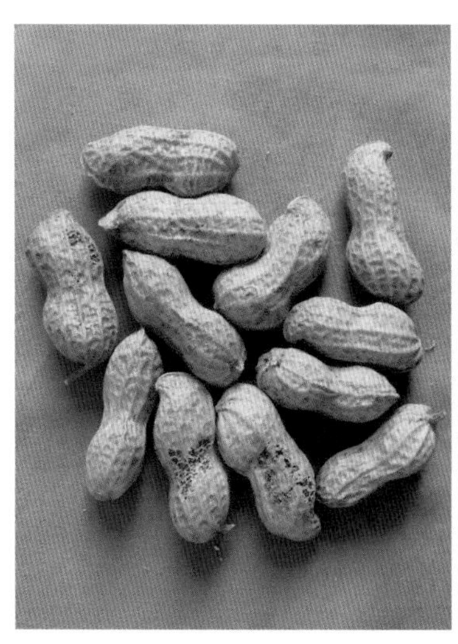

试 花 3 号

（国家库统一编号：Zh.h 2406）

试花3号为山东文登区农家品种，普通型。

【特征特性】株型直立，密枝，交替开花。主茎高30.9cm，侧枝长38.2cm，总分枝数29.4条，结果枝数6.6条，主茎节数19.0个。茎粗6.8mm，茎部无花青素，呈绿色，茎枝茸毛稀短。小叶倒卵形，绿色，叶较小，叶片茸毛少。花冠黄色，果针紫色。单株结果数16.6个，饱果率64.7%，单株生产力24.3g。荚果普通形，网纹浅，缩缢中，果嘴短钝。以双仁果为主，双仁果率73.8%。荚果大，果长4.0cm，果壳厚1.5mm。籽仁椭圆形，无裂纹，种皮粉红色，内种皮橘红色。百果重220.7g，百仁重79.6g，出仁率65.6%。全生育期156d。

【休眠性】中。

【品质成分】粗脂肪含量52.1%，粗蛋白含量28.5%，油酸含量50.5%，亚油酸含量31.6%，O/L为1.60。

【抗逆性】耐涝性弱，抗旱性中。

【抗病性】无青枯病、叶斑病、病毒病和锈病发生。

【指纹图谱】

pPGPseq2C11	GNB556	Ah2TC11H06	Ah1TC5A06	GM2638	PM308	GNB329	AHS2037
461bp	56/71bp	182bp	160bp	65bp	86bp	214bp	312bp

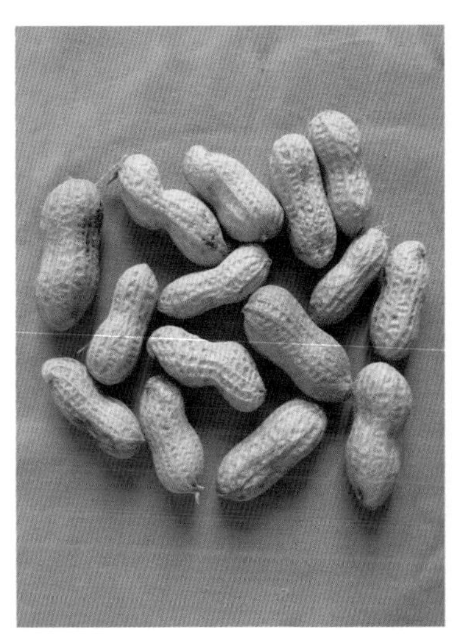

博山站秧子

（国家库统一编号：Zh.h 2410）

博山站秧子为山东淄博市农家品种，普通型。

【特征特性】株型直立，密枝，交替开花。主茎高33.3cm，侧枝长41.0cm，总分枝数29.6条，结果枝数10.8条，主茎节数19.0个。茎粗6.3mm，茎部无花青素，呈绿色，茎枝茸毛稀短。小叶椭圆形，浅绿色，叶较小，叶片茸毛少。花冠黄色，果针紫色。单株结果数24.6个，饱果率69.4%，单株生产力33.7g。荚果普通形，网纹浅，缩缢浅，果嘴短钝。以双仁果为主，双仁果率72.0%。荚果大，果长4.1cm，果壳厚1.8mm。籽仁椭圆形，无裂纹，种皮粉红色，内种皮橘红色。百果重240.3g，百仁重88.1g，出仁率61.8%。全生育期150d。

【休眠性】强。

【品质成分】粗脂肪含量52.3%，粗蛋白含量28.3%，油酸含量51.9%，亚油酸含量30.0%，O/L为1.73。

【抗逆性】耐涝性弱，抗旱性强。

【抗病性】无青枯病、叶斑病、病毒病和锈病发生。

【指纹图谱】

pPGPseq2C11	GNB556	Ah2TC11H06	Ah1TC5A06	GM2638	PM308	GNB329	AHS2037
439bp	68bp	198bp	168bp	65bp	86bp	214bp	312bp

沂南小麻叶

（国家库统一编号：Zh.h 2413）

沂南小麻叶为山东沂南县农家品种，龙生型。

【特征特性】 株型半匍匐，密枝，交替开花。主茎高27.2cm，侧枝长49.5cm，总分枝数26.4条，结果枝数4.5条，主茎节数18.0个。茎粗6.6mm，茎部花青素少量，呈浅紫色，茎枝茸毛密长。小叶宽倒卵形，浅绿色，叶较小，叶片茸毛多。花冠浅黄色，果针紫色。单株结果数17.9个，饱果率70.3%，单株生产力11.8g。荚果曲棍形，网纹深，缩缢浅，果嘴锐。以三仁果为主，三仁果率64.6%。荚果大，果长4.0cm，果壳厚1.1mm。籽仁椭圆形或三角形，无裂纹，种皮粉红色，内种皮浅黄色。百果重153.5g，百仁重47.3g，出仁率48.4%。全生育期151d。

【休眠性】 中。

【品质成分】 粗脂肪含量50.3%，粗蛋白含量31.4%，油酸含量38.7%，亚油酸含量39.0%，O/L为0.99。

【抗逆性】 耐涝性弱，不抗旱。

【抗病性】 无青枯病、叶斑病、锈病和病毒病发生。

【指纹图谱】

pPGPseq2C11	GNB556	Ah2TC11H06	Ah1TC5A06	GM2638	PM308	GNB329	AHS2037
439bp	68bp	168bp	168bp	73bp	80bp	235bp	312bp

嘉 祥 长 秧

（国家库统一编号：Zh.h 2425）

嘉祥长秧为山东嘉祥县农家品种，普通型。

【特征特性】 株型半匍匐，密枝，交替开花。主茎高27.6cm，侧枝长31.7cm，总分枝数21.5条，结果枝数5.9条，主茎节数14.3个。茎粗5.9mm，茎部无花青素，呈绿色，茎枝茸毛稀短。小叶倒卵形，绿色，叶较小，叶片茸毛多。花冠黄色，果针浅紫色。单株结果数23.9个，饱果率56.7%，单株生产力24.5g。荚果普通形或斧头形，网纹浅，缩缢中，果嘴中。以双仁果为主，双仁果率81.4%。荚果中等大小，果长3.5cm，果壳厚1.5mm。籽仁椭圆形，无裂纹，种皮粉红色，内种皮橘红色。百果重202.8g，百仁重78.3g，出仁率72.3%。全生育期155d。

【休眠性】 中。

【品质成分】 粗脂肪含量52.7%，粗蛋白含量30.1%，油酸含量50.8%，亚油酸含量31.1%，O/L为1.63。

【抗逆性】 耐涝性和抗旱性均弱。

【抗病性】 无青枯病、病毒病、叶斑病和锈病发生。

【指纹图谱】

pPGPseq2C11	GNB556	Ah2TC11H06	Ah1TC5A06	GM2638	PM308	GNB329	AHS2037
439bp	86bp	206bp	192bp	73bp	82bp	235bp	312bp

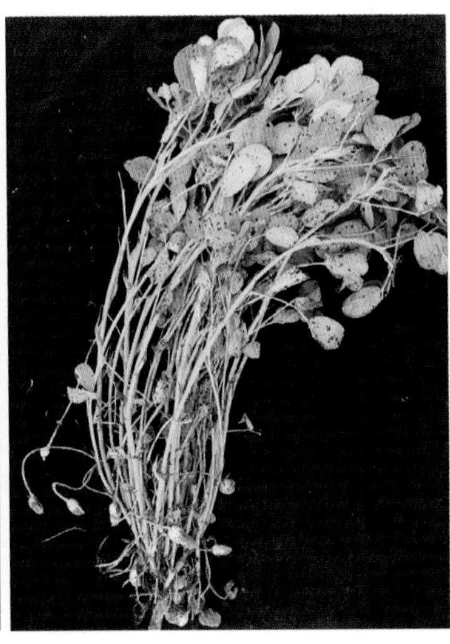

沂南大铺秧

（国家库统一编号：Zh.h 2426）

沂南大铺秧为山东沂南县农家品种，普通型。

【特征特性】 株型半匍匐，密枝，交替开花。主茎高31.2cm，侧枝长47.7cm，总分枝数30.3条，结果枝数6.4条，主茎节数19.8个。茎粗6.9mm，茎部无花青素，呈绿色，茎枝茸毛稀短。小叶长椭圆形，深绿色，叶较小，叶片茸毛多。花冠黄色，果针紫色。单株结果数14.5个，饱果率68.7%，单株生产力13.3g。荚果普通形，网纹中，缩缢中，果嘴短钝。以双仁果为主，双仁果率89.0%。荚果中等大小，果长3.2cm，果壳厚0.9mm。籽仁椭圆形，无裂纹，种皮粉红色，内种皮橘红色。百果重137.5g，百仁重66.2g，出仁率71.7%。全生育期150d。

【休眠性】 弱。

【品质成分】 粗脂肪含量52.2%，粗蛋白含量29.3%，油酸含量50.4%，亚油酸含量31.1%，O/L为1. 62。

【抗逆性】 耐涝性弱，抗旱性强。

【抗病性】 无青枯病和病毒病发生，高感叶斑病和锈病。

【指纹图谱】

pPGPseq2C11	GNB556	Ah2TC11H06	Ah1TC5A06	GM2638	PM308	GNB329	AHS2037
439bp	56/71bp	182bp	162bp	73bp	80bp	208bp	312bp

郑 72-5

（国家库统一编号：Zh.h 2456）

郑72-5为河南郑州市杂交品种，普通型。

【特征特性】 株型直立，密枝，交替开花。主茎高35.2cm，侧枝长44.2cm，总分枝数25.6条，结果枝数7.7条，主茎节数21.5个。茎粗6.3mm，茎部无花青素，呈绿色，茎枝茸毛密短。小叶倒卵形，深绿色，叶中等大小，叶片茸毛多。花冠黄色，果针浅紫色。单株结果数17.1个，饱果率67.7%，单株生产力20.8g。荚果普通形，网纹浅，缩缢浅，果嘴中。以双仁果为主，双仁果率71.0%。荚果中等大小，果长3.1cm，果壳厚1.4mm。籽仁椭圆形，无裂纹，种皮粉红色，内种皮橘红色。百果重172.1g，百仁重69.7g，出仁率66.2%。全生育期140d。

【休眠性】 强。

【品质成分】 粗脂肪含量55.1%，粗蛋白含量28.5%，油酸含量47.0%，亚油酸含量34.1%，O/L为1.38。

【抗逆性】 耐涝性弱，不抗旱。

【抗病性】 无青枯病、叶斑病和病毒病发生，中感锈病。

【指纹图谱】

pPGPseq2C11	GNB556	Ah2TC11H06	Ah1TC5A06	GM2638	PM308	GNB329	AHS2037
362bp	77bp	210bp	168bp	65bp	86bp	220bp	312bp

长垣一把抓

（国家库统一编号：Zh.h 2461）

长垣一把抓为河南长垣县农家品种，普通型。

【特征特性】株型半匍匐，密枝，交替开花。主茎高36.8cm，侧枝长44.3cm，总分枝数29.9条，结果枝数7.9条，主茎节数17.9个。茎粗6.5mm，茎部无花青素，呈绿色，茎枝茸毛稀短。小叶椭圆形，深绿色，叶中等大小，叶片茸毛少。花冠黄色，果针紫色。单株结果数18.7个，饱果率63.2%，单株生产力21.9g。荚果普通形，网纹中，缩缢中，果嘴短钝。以双仁果为主，双仁果率78.3%。荚果大，果长4.0cm，果壳厚1.6mm。籽仁椭圆形，无裂纹，种皮粉红色，内种皮浅黄色。百果重205.8g，百仁重80.9g，出仁率67.1%。全生育期150d。

【休眠性】强。

【品质成分】粗脂肪含量52.5%，粗蛋白含量29.0%，油酸含量51.0%，亚油酸含量30.9%，O/L为1.65。

【抗逆性】耐涝性弱，抗旱性强。

【抗病性】无青枯病和病毒病发生，中抗叶斑病和锈病。

【指纹图谱】

pPGPseq2C11	GNB556	Ah2TC11H06	Ah1TC5A06	GM2638	PM308	GNB329	AHS2037
439bp	56/71bp	210bp	156bp	73bp	82bp	214bp	312bp

濮　阳　837

（国家库统一编号：Zh.h 2462）

濮阳837为河南濮阳市杂交品种，普通型。

【特征特性】株型半匍匐，密枝，交替开花。主茎高36.3cm，侧枝长41.6cm，总分枝数27.2条，结果枝数8.3条，主茎节数19.1个。茎粗7.0mm，茎部无花青素，呈绿色，茎枝茸毛稀短。小叶宽倒卵形，绿色，叶中等大小，叶片茸毛多。花冠橘黄色，果针紫色。单株结果数27.0个，饱果率70.9%，单株生产力38.5g。荚果普通形或斧头形，网纹极深，缩缢深，果嘴锐。以双仁果为主，双仁果率64.6%。荚果大，果长4.1cm，果壳厚1.4mm。籽仁椭圆形，裂纹轻，种皮粉红色，内种皮白色。百果重236.5g，百仁重86.3g，出仁率66.0%。全生育期140d。

【休眠性】弱。

【品质成分】粗脂肪含量51.7%，粗蛋白含量29.4%，油酸含量49.7%，亚油酸含量32.7%，O/L为1.52。

【抗逆性】耐涝性弱，抗旱性强。

【抗病性】无青枯病和病毒病发生，高抗叶斑病，中抗锈病。

【指纹图谱】

pPGPseq2C11	GNB556	Ah2TC11H06	Ah1TC5A06	GM2638	PM308	GNB329	AHS2037
439bp	58bp	182bp	162bp	55bp	78bp	220bp	321bp

濮 阳 二 糙

（国家库统一编号：Zh.h 2464）

濮阳二糙为河南濮阳县农家品种，普通型。

【特征特性】株型半匍匐，密枝，交替开花。主茎高36.2cm，侧枝长44.4cm，总分枝数24.9条，结果枝数6.9条，主茎节数19.7个。茎粗7.4mm，茎部花青素少量，呈浅紫色，茎枝茸毛稀短。小叶椭圆形，绿色，叶中等大小，叶片茸毛多。花冠黄色，果针紫色。单株结果数11.8个，饱果率74.6%，单株生产力15.5g。荚果普通形，网纹浅，缩缢中，果嘴中。以双仁果为主，双仁果率75.1%。荚果大，果长4.0cm，果壳厚1.4mm。籽仁椭圆形，无裂纹，种皮粉红色，内种皮橘红色。百果重201.3g，百仁重74.2g，出仁率63.7%。全生育期145d。

【休眠性】强。

【品质成分】粗脂肪含量52.2%，粗蛋白含量29.3%，油酸含量51.7%，亚油酸含量30.4%，O/L为1.70。

【抗逆性】耐涝性中，抗旱性中。

【抗病性】无青枯病和病毒病发生，中抗叶斑病和锈病。

【指纹图谱】

pPGPseq2C11	GNB556	Ah2TC11H06	Ah1TC5A06	GM2638	PM308	GNB329	AHS2037
439bp	68bp	198bp	162bp	65bp	86bp	217bp	312bp

王 屋 花 生

（国家库统一编号：Zh.h 2466）

王屋花生为河南济源市农家品种，普通型。

【特征特性】 株型直立，密枝，交替开花。主茎高32.9cm，侧枝长40.1cm，总分枝数17.6条，结果枝数8.9条，主茎节数18.0个。茎粗6.0mm，茎部无花青素，呈绿色，茎枝茸毛稀短。小叶倒卵形，黄绿色，叶中等大小，叶片茸毛少。花冠黄色，果针紫色。单株结果数38.3个，饱果率79.8%，单株生产力52.2g。荚果普通形或斧头形，网纹深，缩缢中，果嘴中。以双仁果为主，双仁果率76.8%。荚果大，果长3.8cm，果壳厚1.1mm。籽仁椭圆形，裂纹轻，种皮粉红色，内种皮浅黄色。百果重191.0g，百仁重82.5g，出仁率73.9%。全生育期161d。

【休眠性】 弱。

【品质成分】 粗脂肪含量54.2%，粗蛋白含量28.8%，油酸含量50.4%，亚油酸含量31.3%，O/L为1.61。

【抗逆性】 耐涝性弱，抗旱性强。

【抗病性】 无青枯病和病毒病发生，高抗叶斑病，中抗锈病。

【指纹图谱】

pPGPseq2C11	GNB556	Ah2TC11H06	Ah1TC5A06	GM2638	PM308	GNB329	AHS2037
439bp	71/80bp	206bp	168bp	73bp	86bp	214bp	312bp

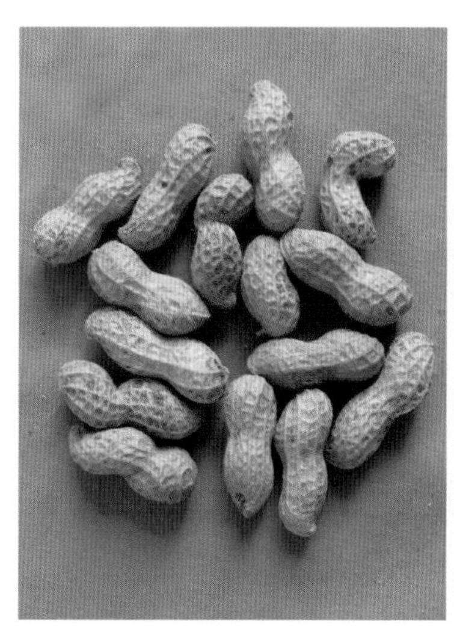

李砦小花生

（国家库统一编号：Zh.h 2475）

李砦小花生为河南永城市农家品种，珍珠豆型。

【特征特性】株型直立，疏枝，连续开花。主茎高45.9cm，侧枝长51.8cm，总分枝数16.3条，结果枝数6.1条，主茎节数21.5个。茎粗7.2mm，茎部无花青素，呈绿色，茎枝茸毛稀短。小叶椭圆形，浅绿色，叶极大，叶片茸毛多。花冠黄色，果针绿色。单株结果数23.7个，饱果率85.4%，单株生产力21.0g。荚果茧形，网纹浅，缩缢中，果嘴短。以双仁果为主，双仁果率88.6%。荚果小，果长2.6cm，果壳厚1.3mm。籽仁椭圆形或桃形，无裂纹，种皮粉红色，内种皮白色。百果重107.2g，百仁重43.0g，出仁率66.0%。全生育期130d。

【休眠性】强。

【品质成分】粗脂肪含量52.5%，粗蛋白含量29.3%，油酸含量47.5%，亚油酸含量33.6%，O/L为1.41。

【抗逆性】耐涝性弱，不抗旱。

【抗病性】无青枯病和病毒病发生，中抗叶斑病，高感锈病。

【指纹图谱】

pPGPseq2C11	GNB556	Ah2TC11H06	Ah1TC5A06	GM2638	PM308	GNB329	AHS2037
439bp	80bp	182bp	168bp	73bp	82bp	211bp	312bp

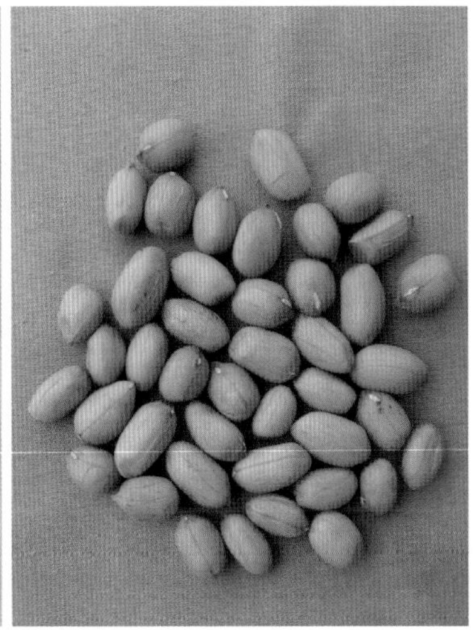

开 封 大 拖 秧

（国家库统一编号：Zh.h 2477）

开封大拖秧为河南开封市农家品种，普通型。

【特征特性】 株型半匍匐，密枝，交替开花。主茎高36.5cm，侧枝长48.0cm，总分枝数24.8条，结果枝数5.7条，主茎节数19.5个。茎粗6.5mm，茎部无花青素，呈绿色，茎枝茸毛稀短。小叶宽倒卵形，绿色，叶较小，叶片茸毛多。花冠黄色，果针紫色。单株结果数15.5个，饱果率47.8%，单株生产力13.8g。荚果普通形或曲棍形，网纹中，缩缢中，果嘴短钝。以双仁果为主，双仁果率68.6%。荚果中等大小，果长3.7cm，果壳厚1.4mm。籽仁椭圆形，无裂纹，种皮粉红色，内种皮橘红色。百果重168.0g，百仁重71.3g，出仁率65.3%。全生育期146d。

【休眠性】 弱。

【品质成分】 粗脂肪含量53.3%，粗蛋白含量29.3%，油酸含量51.8%，亚油酸含量30.4%，O/L为1.71。

【抗逆性】 耐涝性弱，抗旱性强。

【抗病性】 无青枯病和锈病发生，中抗叶斑病，中感病毒病。

【指纹图谱】

pPGPseq2C11	GNB556	Ah2TC11H06	Ah1TC5A06	GM2638	PM308	GNB329	AHS2037
439bp	56/71bp	174bp	164bp	73bp	82bp	214bp	312bp

百 日 矮 8 号

（国家库统一编号：Zh.h 2483）

百日矮8号为四川南充市杂交品种，珍珠豆型。

【特征特性】株型直立，疏枝，连续开花。主茎高40.5cm，侧枝长50.1cm，总分枝数14.1条，结果枝数8.4条，主茎节数20.9个。茎粗7.0mm，茎部无花青素，呈绿色，茎枝茸毛密短。小叶椭圆形，绿色，叶极大，叶片茸毛极多。花冠黄色，果针浅紫色。单株结果数34.7个，饱果率87.9%，单株生产力34.4g。荚果茧形或普通形，网纹浅，缩缢浅，果嘴短钝。以双仁果为主，双仁果率84.2%。荚果中等大小，果长2.7cm，果壳厚1.5mm。籽仁桃形或圆柱形，无裂纹，种皮粉红色，内种皮白色。百果重139.7g，百仁重57.3g，出仁率72.2%。全生育期125d。

【休眠性】中。

【品质成分】粗脂肪含量51.3%，粗蛋白含量31.1%，油酸含量45.4%，亚油酸含量35.1%，O/L为1.29。

【抗逆性】耐涝性和抗旱性均弱。

【抗病性】无青枯病发生，高抗叶斑病和锈病，高感病毒病。

【指纹图谱】

pPGPseq2C11	GNB556	Ah2TC11H06	Ah1TC5A06	GM2638	PM308	GNB329	AHS2037
439bp	68bp	206bp	162bp	55bp	82bp	238bp	312bp

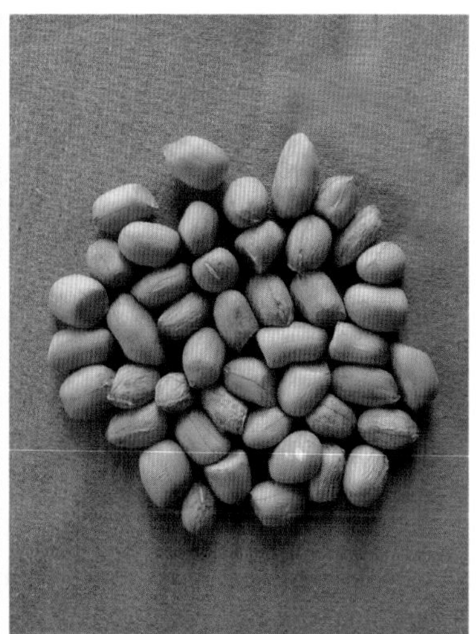

南 江 大 花 生

（国家库统一编号：Zh.h 2499）

南江大花生为四川南江县农家品种，普通型。

【特征特性】 株型半匍匐，密枝，交替开花。主茎高34.3cm，侧枝长41.2cm，总分枝数35.7条，结果枝数8.7条，主茎节数20.5个。茎粗6.1mm，茎部花青素少量，呈浅紫色，茎枝茸毛稀短。小叶倒卵形，绿色，叶较小，叶片茸毛多。花冠黄色，果针紫色。单株结果数26.5个，饱果率74.3%，单株生产力24.5g。荚果普通形或斧头形，网纹深，缩缢中，果嘴中。以双仁果为主，双仁果率83.5%。荚果中等大小，果长3.5cm，果壳厚1.2mm。籽仁椭圆形，无裂纹，种皮粉红色，内种皮橘红色。百果重146.0g，百仁重62.2g，出仁率70.9%。全生育期145d。

【休眠性】 强。

【品质成分】 粗脂肪含量52.2%，粗蛋白含量27.8%，油酸含量48.3%，亚油酸含量33.5%，O/L为1.44。

【抗逆性】 耐涝性弱，抗旱性中。

【抗病性】 无青枯病和病毒病发生，中抗叶斑病和锈病。

【指纹图谱】

pPGPseq2C11	GNB556	Ah2TC11H06	Ah1TC5A06	GM2638	PM308	GNB329	AHS2037
439bp	71bp	182bp	168bp	65bp	74bp	214bp	312bp

南 溪 二 郎 子

（国家库统一编号：Zh.h 2508）

南溪二郎子为四川南溪区农家品种，多粒型。

【特征特性】 株型直立，疏枝，连续开花。主茎高40.5cm，侧枝长50.6cm，总分枝数14.9条，结果枝数6.8条，主茎节数17.7个。茎粗7.2mm，茎部花青素少量，呈浅紫色，茎枝茸毛稀短。小叶倒卵形，浅绿色，叶大，叶片茸毛极多。花冠黄色，果针紫色。单株结果数14.3个，饱果率80.5%，单株生产力17.0g。荚果串珠形，网纹平，缩缢浅，果嘴短钝。以四仁果为主，四仁果率54.7%。荚果大，果长4.1cm，果壳厚1.4mm。籽仁桃形或椭圆形，无裂纹，种皮紫红色，内种皮紫色。百果重170.2g，百仁重38.9g，出仁率68.8%。全生育期130d。

【休眠性】 弱。

【品质成分】 粗脂肪含量53.2%，粗蛋白含量28.2%，油酸含量45.7%，亚油酸含量35.5%，O/L为1.29。

【抗逆性】 耐涝性和抗旱性均弱。

【抗病性】 无青枯病和病毒病发生，中抗叶斑病和锈病。

【指纹图谱】

pPGPseq2C11	GNB556	Ah2TC11H06	Ah1TC5A06	GM2638	PM308	GNB329	AHS2037
439bp	71bp	182bp	168bp	65bp	64bp	208bp	312bp

霸　王　鞭

（国家库统一编号：Zh.h 2550）

霸王鞭为湖北罗田县农家品种，龙生型。

【特征特性】 株型半匍匐，密枝，交替开花。主茎高31.5cm，侧枝长41.9cm，总分枝数19.6条，结果枝数7.3条，主茎节数18.3个。茎粗6.5mm，茎部花青素少量，呈浅紫色，茎枝茸毛密长。小叶长椭圆形，黄绿色，叶中等大小，叶片茸毛多。花冠黄色，果针紫色。单株结果数21.9个，饱果率77.2%，单株生产力37.0g。荚果曲棍形，网纹深，缩缢浅，果嘴锐。以三仁果为主，三仁果率57.0%。荚果超大，果长5.1cm，果壳厚1.8mm。籽仁椭圆形，裂纹重，种皮粉红色，内种皮浅黄色。百果重284.8g，百仁重93.6g，出仁率53.4%。全生育期148d。

【休眠性】 弱。

【品质成分】 粗脂肪含量54.8%，粗蛋白含量30.6%，油酸含量51.7%，亚油酸含量30.5%，O/L为1.70。

【抗逆性】 耐涝性中，不抗旱。

【抗病性】 无青枯病、锈病和病毒病发生，中抗叶斑病。

【指纹图谱】

pPGPseq2C11	GNB556	Ah2TC11H06	Ah1TC5A06	GM2638	PM308	GNB329	AHS2037
439bp	62bp	168bp	172bp	73bp	82bp	220bp	312bp

潜 山 大 果

（国家库统一编号：Zh.h 2561）

潜山大果为安徽潜山县系选品种，中间型。

【特征特性】 株型直立，疏枝，交替开花。主茎高39.1cm，侧枝长47.6cm，总分枝数9.2条，结果枝数6.5条，主茎节数18.1个。茎粗6.4mm，茎部花青素较多，呈紫色，茎枝茸毛稀短。小叶长椭圆形，浅绿色，叶中等大小，叶片茸毛少。花冠黄色，果针紫色。单株结果数24.5个，饱果率69.5%，单株生产力32.6g。荚果普通形或斧头形，网纹中，缩缢中，果嘴中。以双仁果为主，双仁果率84.9%。荚果大，果长3.9cm，果壳厚1.1mm。籽仁椭圆形，无裂纹，种皮粉红色，内种皮橘红色。百果重207.5g，百仁重81.8g，出仁率70.9%。全生育期112d。

【休眠性】 弱。

【品质成分】 粗脂肪含量53.7%，粗蛋白含量27.3%，油酸含量50.0%，亚油酸含量31.2%，O/L为1.60。

【抗逆性】 耐涝性中，不抗旱。

【抗病性】 无青枯病和病毒病发生，中抗叶斑病，中感锈病。

【指纹图谱】

pPGPseq2C11	GNB556	Ah2TC11H06	Ah1TC5A06	GM2638	PM308	GNB329	AHS2037
439bp	62bp	182bp	162bp	65bp	80bp	220bp	312bp

宿 松 土 花 生

（国家库统一编号：Zh.h 2562）

宿松土花生为安徽宿松县农家品种，普通型。

【特征特性】 株型半匍匐，密枝，交替开花。主茎高23.9cm，侧枝长31.1cm，总分枝数21.9条，结果枝数8.2条，主茎节数20.6个。茎粗6.1mm，茎部无花青素，呈绿色，茎枝茸毛稀短。小叶宽倒卵形，绿色，叶中等大小，叶片茸毛极多。花冠浅黄色，果针浅紫色。单株结果数32.0个，饱果率86.3%，单株生产力48.3g。荚果普通形，网纹深，缩缢浅，果嘴短钝。以双仁果为主，双仁果率84.9%。荚果中等大小，果长3.0cm，果壳厚1.3mm。籽仁椭圆形或圆柱形，裂纹重，种皮紫黑色，内种皮白色。百果重211.3g，百仁重91.5g，出仁率43.8%。全生育期119d。

【休眠性】 强。

【品质成分】 粗脂肪含量50.3%，粗蛋白含量28.2%，油酸含量50.0%，亚油酸含量31.4%，O/L为1.59。

【抗逆性】 耐涝性强，抗旱性中。

【抗病性】 无青枯病发生，中抗早斑病，高感病毒病、锈病和叶斑病。

【指纹图谱】

pPGPseq2C11	GNB556	Ah2TC11H06	Ah1TC5A06	GM2638	PM308	GNB329	AHS2037
439bp	80bp	142bp	192bp	63bp	74bp	211bp	312bp

邵东中扯子

（国家库统一编号：Zh.h 2591）

邵东中扯子为湖南邵东县农家品种，普通型。

【特征特性】株型半匍匐，密枝，交替开花。主茎高38.2cm，侧枝长45.5cm，总分枝数25.0条，结果枝数5.3条，主茎节数19.8个。茎粗7.1mm，茎部花青素少量，呈浅紫色，茎枝茸毛稀短。小叶长椭圆形，绿色，叶较小，叶片茸毛多。花冠橘黄色，果针紫色。单株结果数11.3个，饱果率68.6%，单株生产力10.9g。荚果普通形，网纹浅，缩缢中，果嘴短钝。以双仁果为主，双仁果率71.3%。荚果中等大小，果长3.5cm，果壳厚1.3mm。籽仁椭圆形，无裂纹，种皮粉红色，内种皮橘红色。百果重178.7g，百仁重67.8g，出仁率61.2%。全生育期146d。

【休眠性】中。

【品质成分】粗脂肪含量51.6%，粗蛋白含量28.3%，油酸含量51.3%，亚油酸含量30.6%，O/L为1.67。

【抗逆性】耐涝性弱，不抗旱。

【抗病性】无青枯病、病毒病发生，中抗叶斑病和锈病。

【指纹图谱】

pPGPseq2C11	GNB556	Ah2TC11H06	Ah1TC5A06	GM2638	PM308	GNB329	AHS2037
439bp	80bp	198bp	162bp	65bp	82bp	214bp	312bp

桂圩大豆

（国家库统一编号：Zh.h 2603）

桂圩大豆为广东郁南县农家品种，龙生型。

【特征特性】株型半匍匐，密枝，交替开花。主茎高19.7cm，侧枝长33.0cm，总分枝数47.8条，结果枝数10.1条，主茎节数16.3个。茎粗7.4mm，茎部花青素少量，呈浅紫色，茎枝茸毛密长。小叶宽倒卵形，绿色，叶较小，叶片茸毛多。花冠黄色，果针紫色。单株结果数23.3个，饱果率78.3%，单株生产力16.6g。荚果曲棍形，网纹极深，缩缢中，果嘴锐。以三仁果为主，三仁果率28.1%。荚果中等大小，果长3.5cm，果壳厚0.8mm。籽仁椭圆形，无裂纹，种皮淡黄色，内种皮橘红色。百果重109.4g，百仁重38.7g，出仁率69.8%。全生育期160d。

【休眠性】弱。

【品质成分】粗脂肪含量51.5%，粗蛋白含量28.8%，油酸含量49.6%，亚油酸含量32.2%，O/L为1.54。

【抗逆性】耐涝性弱，抗旱性强。

【抗病性】无青枯病、叶斑病和病毒病发生，高感锈病。

【指纹图谱】

pPGPseq2C11	GNB556	Ah2TC11H06	Ah1TC5A06	GM2638	PM308	GNB329	AHS2037
403bp	80bp	210bp	172bp	65bp	86bp	214bp	312bp

屯笃仔

（国家库统一编号：Zh.h 2604）

屯笃仔为广东英德市农家品种，龙生型。

【特征特性】株型半匍匐，密枝，交替开花。主茎高27.7cm，侧枝长38.3cm，总分枝数38.8条，结果枝数6.9条，主茎节数17.0个。茎粗6.7mm，茎部花青素少量，呈浅紫色，茎枝茸毛密长。小叶椭圆形，绿色，叶中等大小，叶片茸毛少。花冠黄色，果针浅紫色。单株结果数15.6个，饱果率79.1%，单株生产力29.8g。荚果曲棍形，网纹深，缩缢浅，果嘴极锐。以三仁果为主，三仁果率44.5%。荚果超大，果长4.6cm，果壳厚1.9mm。籽仁普通形或圆锥形，裂纹中，种皮粉红色，内种皮白色。百果重275.8g，百仁重27.5g，出仁率64.8%。全生育期160d。

【休眠性】强。

【品质成分】粗脂肪含量53.7%，粗蛋白含量29.4%，油酸含量46.5%，亚油酸含量35.3%，O/L为1.32。

【抗逆性】耐涝性弱，抗旱性强。

【抗病性】无叶斑病和锈病发生，中抗青枯病，高感病毒病。

【指纹图谱】

pPGPseq2C11	GNB556	Ah2TC11H06	Ah1TC5A06	GM2638	PM308	GNB329	AHS2037
439bp	86bp	182bp	188bp	73bp	86bp	214bp	312bp

大 埔 种

（国家库统一编号：Zh.h 2608）

大埔种为湖南永顺县农家品种，普通型。

【特征特性】株型半匍匐，密枝，交替开花。主茎高41.1cm，侧枝长56.4cm，总分枝数17.6条，结果枝数4.8条，主茎节数19.9个。茎粗6.1mm，茎部无花青素，呈绿色，茎枝茸毛密短。小叶椭圆形，绿色，叶大，叶片茸毛极多。花冠黄色，果针浅紫色。单株结果数13.1个，饱果率75.5%，单株生产力14.5g。荚果普通形，网纹中，缩缢中，果嘴中。以双仁果为主，双仁果率76.0%。荚果中等大小，果长3.4cm，果壳厚1.5mm。籽仁椭圆形或三角形，无裂纹，种皮粉红色，内种皮橘红色。百果重169.3g，百仁重66.6g，出仁率63.1%。全生育期160d。

【休眠性】强。

【品质成分】粗脂肪含量56.5%，粗蛋白含量31.3%，油酸含量45.7%，亚油酸含量36.0%，O/L为1.27。

【抗逆性】耐涝性中，抗旱性弱。

【抗病性】无青枯病和锈病发生，中感病毒病和叶斑病。

【指纹图谱】

pPGPseq2C11	GNB556	Ah2TC11H06	Ah1TC5A06	GM2638	PM308	GNB329	AHS2037
403bp	56bp	182bp	168bp	55bp	80bp	220bp	327bp

琼 山 花 生

(国家库统一编号：Zh.h 2609)

琼山花生为海南琼山区农家品种，龙生型。

【特征特性】株型匍匐，密枝，交替开花。主茎高31.9cm，侧枝长51.6cm，总分枝数22.3条，结果枝数4.6条，主茎节数19.7个。茎粗6.5mm，茎部花青素少量，呈浅紫色，茎枝茸毛密长。小叶倒卵形，绿色，叶中等大小，叶片茸毛多。花冠黄色，果针浅紫色。单株结果数9.8个，饱果率74.1%，单株生产力10.2g。荚果普通形或斧头形，网纹深，缩缢深，果嘴极锐。以双仁果为主，双仁果率78.0%。荚果中等大小，果长3.4cm，果壳厚1.4mm。籽仁为椭圆形或圆锥形，无裂纹，种皮粉红色，内种皮橘红色。百果重152.2g，百仁重56.3g，出仁率73.2%。全生育期160d。

【休眠性】强。

【品质成分】粗脂肪含量50.6%，粗蛋白含量26.5%，油酸含量52.9%，亚油酸含量29.0%，O/L为1.82。

【抗逆性】耐涝性强，抗旱性中。

【抗病性】无青枯病和锈病发生，高感叶斑病和病毒病。

【指纹图谱】

pPGPseq2C11	GNB556	Ah2TC11H06	Ah1TC5A06	GM2638	PM308	GNB329	AHS2037
439bp	71/80bp	142bp	192bp	73bp	86bp	214bp	312bp

墩督仔

（国家库统一编号：Zh.h 2618）

墩督仔为广东惠阳区农家品种，珍珠豆型。

【特征特性】 株型直立，疏枝，连续开花。主茎高36.1cm，侧枝长42.6cm，总分枝数10.2条，结果枝数6.3条，主茎节数17.5个。茎粗6.6mm，茎部无花青素，呈绿色，茎枝茸毛密短。小叶椭圆形，绿色，叶较小，叶片茸毛少。花冠黄色，果针浅紫色。单株结果数25.5个，饱果率88.2%，单株生产力28.8g。荚果茧形，网纹浅，缩缢平，果嘴无。以双仁果为主，双仁果率80.0%。荚果小，果长2.7cm，果壳厚1.5mm。籽仁三角形或桃形，无裂纹，种皮粉红色，内种皮白色。百果重152.5g，百仁重57.4g，出仁率64.8%。全生育期130d。

【休眠性】 强。

【品质成分】 粗脂肪含量53.0%，粗蛋白含量28.9%，油酸含量44.7%，亚油酸含量36.2%，O/L为1.24。

【抗逆性】 耐涝性和抗旱性均弱。

【抗病性】 无叶斑病发生，中抗青枯病，中感病毒病，高感锈病。

【指纹图谱】

pPGPseq2C11	GNB556	Ah2TC11H06	Ah1TC5A06	GM2638	PM308	GNB329	AHS2037
439bp	77bp	210bp	188bp	63bp	82bp	238bp	312bp

细 花 勾 豆

（国家库统一编号：Zh.h 2621）

细花勾豆为广东惠阳区农家品种，普通型。

【特征特性】株型匍匐，密枝，交替开花。主茎高37.1cm，侧枝长44.4cm，总分枝数8.9条，结果枝数4.1条，主茎节数18.7个。茎粗7.7mm，茎部花青素少量，呈浅紫色，茎枝茸毛稀短。小叶长椭圆形，绿色，叶大，叶片茸毛少。花冠黄色，果针紫色。单株结果数13.1个，饱果率91.9%，单株生产力25.0g。荚果普通形，网纹中，缩缢浅，果嘴短钝。以双仁果为主，双仁果率76.5%。荚果大，果长3.9cm，果壳厚1.8mm。籽仁椭圆形，裂纹中，种皮粉红色，内种皮白色。百果重251.8g，百仁重91.2g，出仁率66.6%。全生育期160d。

【休眠性】强。

【品质成分】粗脂肪含量51.6%，粗蛋白含量29.4%，油酸含量48.7%，亚油酸含量33.3%，O/L为1.46。

【抗逆性】耐涝性弱，抗旱性强。

【抗病性】无青枯病、锈病和病毒病发生，中感叶斑病。

【指纹图谱】

pPGPseq2C11	GNB556	Ah2TC11H06	Ah1TC5A06	GM2638	PM308	GNB329	AHS2037
439bp	68bp	202bp	162bp	73bp	92bp	214bp	312bp

小良细花生

（国家库统一编号：Zh.h 2637）

小良细花生为广东电白区农家品种，珍珠豆型。

【特征特性】株型直立，疏枝，连续开花。主茎高37.9cm，侧枝长42.1cm，总分枝数9.6条，结果枝数6.8条，主茎节数16.8个。茎粗5.9mm，茎部无花青素，呈绿色，茎枝茸毛密短。小叶椭圆形，绿色，叶极大，叶片茸毛少。花冠黄色，果针浅紫色。单株结果数25.8个，饱果率88.9%，单株生产力38.7g。荚果茧形，网纹浅，缩缢平，果嘴无。以双仁果为主，双仁果率76.6%。荚果中等大小，果长2.8cm，果壳厚1.7mm。籽仁桃形或圆柱形，无裂纹，种皮粉红色，内种皮白色。百果重204.7g，百仁重73.2g，出仁率69.9%。全生育期130d。

【休眠性】强。

【品质成分】粗脂肪含量53.2%，粗蛋白含量30.1%，油酸含量51.0%，亚油酸含量30.4%，O/L为1.68。

【抗逆性】耐涝性中，不抗旱。

【抗病性】无青枯病、病毒病、叶斑病和锈病发生。

【指纹图谱】

pPGPseq2C11	GNB556	Ah2TC11H06	Ah1TC5A06	GM2638	PM308	GNB329	AHS2037
439bp	77bp	168bp	192bp	73bp	92bp	238bp	312bp

英德细介仔

（国家库统一编号：Zh.h 2651）

英德细介仔为广东英德市农家品种，普通型。

【特征特性】株型半匍匐，密枝，交替开花。主茎高34.0cm，侧枝长41.3cm，总分枝数29.9条，结果枝数8.2条，主茎节数19.0个。茎粗7.2mm，茎部无花青素，呈绿色，茎枝茸毛稀短。小叶倒卵形，绿色，叶中等大小，叶片茸毛多。花冠黄色，果针紫色。单株结果数19.4个，饱果率81.8%，单株生产力26.9g。荚果普通形或曲棍形，网纹中，缩缢中，果嘴中。以双仁果为主，双仁果率74.2%。荚果大，果长4.0cm，果壳厚1.7mm。籽仁椭圆形或三角形，无裂纹，种皮粉红色，内种皮橘红色。百果重203.6g，百仁重81.6g，出仁率66.5%。全生育期160d。

【休眠性】强。

【品质成分】粗脂肪含量52.7%，粗蛋白含量29.8%，油酸含量44.8%，亚油酸含量32.5%，O/L为1.26。

【抗逆性】耐涝性中，抗旱性弱。

【抗病性】无青枯病和锈病发生，高感病毒病和叶斑病。

【指纹图谱】

pPGPseq2C11	GNB556	Ah2TC11H06	Ah1TC5A06	GM2638	PM308	GNB329	AHS2037
439bp	56bp	202bp	162bp	55bp	80bp	214bp	327bp

天　津　2

（国家库统一编号：Zh.h 2652）

天津2为广东番禺县农家品种，普通型。

【特征特性】株型半匍匐，密枝，交替开花。主茎高28.7cm，侧枝长35.8cm，总分枝数29.7条，结果枝数5.2条，主茎节数16.7个。茎粗6.0mm，茎部无花青素，呈绿色，茎枝茸毛稀短。小叶椭圆形，绿色，叶较小，叶片茸毛少。花冠浅黄色，果针紫色。单株结果数13.9个，饱果率84.2%，单株生产力19.3g。荚果普通形或曲棍形，网纹深，缩缢中，果嘴锐。以双仁果为主，双仁果率67.9%。荚果大，果长4.2cm，果壳厚1.6mm。籽仁椭圆形或圆锥形，无裂纹，种皮粉红色，内种皮橘红色。百果重183.0g，百仁重64.9g，出仁率60.8%。全生育期160d。

【休眠性】中。

【品质成分】粗脂肪含量52.1%，粗蛋白含量28.5%，油酸含量51.1%，亚油酸含量30.3%，O/L为1.68。

【抗逆性】耐涝性中，抗旱性强。

【抗病性】无叶斑病、锈病和病毒病发生，中抗青枯病。

【指纹图谱】

pPGPseq2C11	GNB556	Ah2TC11H06	Ah1TC5A06	GM2638	PM308	GNB329	AHS2037
439bp	77bp	182bp	168bp	63bp	92bp	214bp	312bp

马圩大豆

（国家库统一编号：Zh.h 2654）

马圩大豆为江西抚州市马圩镇农家品种，普通型。

【特征特性】 株型半匍匐，密枝，交替开花。主茎高34.7cm，侧枝长46.8cm，总分枝数16.2条，结果枝数10.1条，主茎节数17.1个。茎粗8.2mm，茎部花青素少量，呈浅紫色，茎枝茸毛密短。小叶椭圆形，绿色，叶极大，叶片茸毛极多。花冠黄色，果针紫色。单株结果数30.8个，饱果率82.7%，单株生产力36.8g。荚果普通形，网纹中，缩缢中，果嘴短钝。以双仁果为主，双仁果率90.0%。荚果中等大小，果长3.0cm，果壳厚1.7mm。籽仁椭圆形，无裂纹，种皮粉红色，内种皮白色。百果重163.3g，百仁重60.7g，出仁率68.7%。全生育期160d。

【休眠性】 强。

【品质成分】 粗脂肪含量51.1%，粗蛋白含量29.9%，油酸含量43.9%，亚油酸含量37.1%，O/L为1.18。

【抗逆性】 耐涝性弱，抗旱性强。

【抗病性】 无叶斑病和病毒病发生，高抗青枯病，高感锈病。

【指纹图谱】

pPGPseq2C11	GNB556	Ah2TC11H06	Ah1TC5A06	GM2638	PM308	GNB329	AHS2037
439bp	80bp	198bp	172bp	65bp	92bp	214bp	312bp

直 丝 花 生

（国家库统一编号：Zh.h 2664）

直丝花生为广东南雄市农家品种，普通型。

【特征特性】 株型匍匐，密枝，交替开花。主茎高27.1cm，侧枝长32.2cm，总分枝数19.9条，结果枝数5.4条，主茎节数13.6个。茎粗6.5mm，茎部无花青素，呈绿色，茎枝茸毛稀短。小叶椭圆形，绿色，叶较小，叶片茸毛少。花冠浅黄色，果针紫色。单株结果数18.5个，饱果率83.0%，单株生产力26.8g。荚果普通形或斧头形，网纹中，缩缢中，果嘴短钝。以双仁果为主，双仁果率81.5%。荚果中等大小，果长3.7cm，果壳厚1.3mm。籽仁椭圆形，无裂纹，种皮粉红色，内种皮橘红色。百果重214.7g，百仁重83.7g，出仁率71.8%。全生育期160d。

【休眠性】 弱。

【品质成分】 粗脂肪含量50.9%，粗蛋白含量28.4%，油酸含量47.8%，亚油酸含量33.8%，O/L为1.41。

【抗逆性】 耐涝性中，抗旱性弱。

【抗病性】 无青枯病、病毒病和叶斑病发生，高感锈病。

【指纹图谱】

pPGPseq2C11	GNB556	Ah2TC11H06	Ah1TC5A06	GM2638	PM308	GNB329	AHS2037
439bp	56/71bp	168bp	162bp	57bp	86bp	208bp	312bp

大 花 生

（国家库统一编号：Zh.h 2665）

大花生为广东廉江市农家品种，多粒型。

【特征特性】株型直立，疏枝，连续开花。主茎高33.2cm，侧枝长41.2cm，总分枝数16.9条，结果枝数5.7条，主茎节数17.3个。茎粗7.3mm，茎部花青素少量，呈浅紫色，茎枝茸毛稀长。小叶椭圆形，绿色，叶中等大小，叶片茸毛多。花冠黄色，果针浅紫色。单株结果数26.0个，饱果率83.3%，单株生产力34.7g。荚果串珠形，网纹中，缩缢浅，果嘴短。以三仁果为主，三仁果率47.5%。荚果中等大小，果长3.7cm，果壳厚1.6mm。籽仁桃形或圆柱形，无裂纹，种皮粉红色，内种皮浅黄色。百果重166.2g，百仁重48.4g，出仁率67.3%。全生育期125d。

【休眠性】强。

【品质成分】粗脂肪含量53.6%，粗蛋白含量27.5%，油酸含量49.6%，亚油酸含量32.1%，O/L为1.54。

【抗逆性】耐涝性和抗旱性均弱。

【抗病性】无青枯病和叶斑病发生，中感病毒病和锈病。

【指纹图谱】

pPGPseq2C11	GNB556	Ah2TC11H06	Ah1TC5A06	GM2638	PM308	GNB329	AHS2037
403bp	68bp	182bp	176bp	65bp	82bp	235bp	312bp

清远细豆2号

（国家库统一编号：Zh.h 2671）

清远细豆2号为广东清远市农家品种，珍珠豆型。

【特征特性】 株型直立，疏枝，连续开花。主茎高41.6cm，侧枝长46.3cm，总分枝数13.7条，结果枝数4.4条，主茎节数16.8个。茎粗6.8mm，茎部无花青素，呈绿色，茎枝茸毛密短。小叶椭圆形，黄绿色，叶极大，叶片茸毛极多。花冠浅黄色，果针紫色。单株结果数19.6个，饱果率80.6%，单株生产力25.9g。荚果茧形或普通形，网纹浅，缩缢浅，果嘴短。以双仁果为主，双仁果率86.0%。荚果中等大小，果长3.0cm，果壳厚1.7mm。籽仁桃形或椭圆形，无裂纹，种皮粉红色，内种皮浅黄色。百果重175.5g，百仁重59.9g，出仁率65.2%。全生育期125d。

【休眠性】 中。

【品质成分】 粗脂肪含量51.4%，粗蛋白含量29.2%，油酸含量48.3%，亚油酸含量32.9%，O/L为1.47。

【抗逆性】 耐涝性弱，不抗旱。

【抗病性】 无青枯病、锈病和叶斑病发生，高感病毒病。

【指纹图谱】

pPGPseq2C11	GNB556	Ah2TC11H06	Ah1TC5A06	GM2638	PM308	GNB329	AHS2037
450bp	80bp	182bp	176bp	65bp	86bp	211bp	312bp

岑巩藤花生

(国家库统一编号：Zh.h 2682)

岑巩藤花生为贵州岑巩县农家品种，普通型。

【特征特性】株型匍匐，密枝，交替开花。主茎高34.5cm，侧枝长52.7cm，总分枝数26.0条，结果枝数9.6条，主茎节数19.8个。茎粗6.3mm，茎部花青素少量，呈浅紫色，茎枝茸毛密短。小叶椭圆形，绿色，叶较小，叶片茸毛多。花冠橘黄色，果针紫色。单株结果数17.7个，饱果率79.3%，单株生产力16.5g。荚果普通形或蜂腰形，网纹深，缩缢中，果嘴锐。以双仁果为主，双仁果率75.2%。荚果大，果长4.1cm，果壳厚1.3mm。籽仁椭圆形或圆柱形，无裂纹，种皮粉红色，内种皮浅黄色。百果重139.8g，百仁重51.5g，出仁率64.6%。全生育期170d。

【休眠性】弱。

【品质成分】粗脂肪含量52.4%，粗蛋白含量29.2%，油酸含量50.2%，亚油酸含量31.0%，O/L为1.62。

【抗逆性】耐涝性中，抗旱性强。

【抗病性】无青枯病发生，高感病毒病、叶斑病和锈病。

【指纹图谱】

pPGPseq2C11	GNB556	Ah2TC11H06	Ah1TC5A06	GM2638	PM308	GNB329	AHS2037
439bp	77bp	210bp	176bp	63bp	86bp	208bp	312bp

凯里蔓花生

（国家库统一编号：Zh.h 2683）

凯里蔓花生为贵州凯里市农家品种，珍珠豆型。

【特征特性】株型直立，疏枝，连续开花。主茎高27.7cm，侧枝长31.1cm，总分枝数6.9条，结果枝数4.6条，主茎节数17.2个。茎粗5.4mm，茎部无花青素，呈绿色，茎枝茸毛稀短。小叶椭圆形，绿色，叶小，叶片茸毛多。花冠黄色，果针紫色。单株结果数21.0个，饱果率81.3%，单株生产力25.8g。荚果普通形，网纹浅，缩缢中，果嘴中。以双仁果为主，双仁果率86.9%。荚果中等大小，果长3.2cm，果壳厚1.6mm。籽仁椭圆形或桃形，无裂纹，种皮粉红色，内种皮白色。百果重165.3g，百仁重66.5g，出仁率68.8%。全生育期120d。

【休眠性】弱。

【品质成分】粗脂肪含量53.0%，粗蛋白含量28.3%，油酸含量48.4%，亚油酸含量33.3%，O/L为1.46。

【抗逆性】耐涝性和抗旱性均强。

【抗病性】无青枯病和锈病发生，中抗叶斑病，高感病毒病。

【指纹图谱】

pPGPseq2C11	GNB556	Ah2TC11H06	Ah1TC5A06	GM2638	PM308	GNB329	AHS2037
439bp	68bp	202bp	168bp	65bp	86bp	208bp	312bp

锦 交 4 号

（国家库统一编号：Zh.h 2702）

锦交四号为辽宁锦州市杂交品种，普通型。

【特征特性】株型直立，密枝，交替开花。主茎高42.4cm，侧枝长48.0cm，总分枝数15.2条，结果枝数6.1条，主茎节数21.6个。茎粗7.3mm，茎部无花青素，呈绿色，茎枝茸毛稀短。小叶长椭圆形，绿色，叶大，叶片茸毛少。花冠浅黄色，果针浅紫色。单株结果数14.0个，饱果率73.3%，单株生产力19.6g。荚果普通形，网纹中，缩缢中，果嘴中。以双仁果为主，双仁果率69.3%。荚果大，果长3.8cm，果壳厚1.7mm。籽仁椭圆形或圆锥形，无裂纹，种皮粉红色，内种皮白色。百果重223.2g，百仁重85.3g，出仁率67.7%。全生育期137d。

【休眠性】弱。

【品质成分】粗脂肪含量53.3%，粗蛋白含量29.0%，油酸含量51.0%，亚油酸含量30.8%，O/L为1.66。

【抗逆性】耐涝性弱，抗旱性强。

【抗病性】无青枯病和锈病发生，中抗叶斑病，高感病毒病。

【指纹图谱】

pPGPseq2C11	GNB556	Ah2TC11H06	Ah1TC5A06	GM2638	PM308	GNB329	AHS2037
439bp	77bp	198bp	168bp	55bp	82bp	220bp	312bp

早熟红粒

（国家库统一编号：Zh.h 2764）

早熟红粒为山东莱西市杂交品种，中间型。

【特征特性】 株型直立，疏枝，连续开花。主茎高33.2cm，侧枝长37.7cm，总分枝数11.5条，结果枝数6.5条，主茎节数21.9个。茎粗7.7mm，茎部花青素较多，呈紫色，茎枝茸毛稀短。小叶长椭圆形，黄绿色，叶中等大小，叶片茸毛极多。花冠橘黄色，果针紫色。单株结果数27.5个，饱果率71.3%，单株生产力34.1g。荚果普通形或曲棍形，网纹中，缩缢中，果嘴锐。以双仁果为主，双仁果率72.3%。荚果超大，果长4.5cm，果壳厚1.8mm。籽仁椭圆形，无裂纹，种皮红色，内种皮白色。百果重269.8g，百仁重94.4g，出仁率48.0%。全生育期145d。

【休眠性】 弱。

【品质成分】 粗脂肪含量49.4%，粗蛋白含量30.2%，油酸含量54.9%，亚油酸含量27.6%，O/L为1.99。

【抗逆性】 耐涝性中，不抗旱。

【抗病性】 无青枯病、锈病和叶斑病发生，高感病毒病。

【指纹图谱】

pPGPseq2C11	GNB556	Ah2TC11H06	Ah1TC5A06	GM2638	PM308	GNB329	AHS2037
403bp	71bp	198bp	180bp	63bp	82bp	211bp	312bp

辐杂突8号

（国家库统一编号：Zh.h 4431）

辅杂突8号为山东莱西市杂交品种，珍珠豆型。

【特征特性】株型直立，疏枝，连续开花。主茎高39.9cm，侧枝长51.4cm，总分枝数17.3条，结果枝数7.5条，主茎节数19.9个。茎粗8.7mm，茎部无花青素，呈绿色，茎枝茸毛密短。小叶长椭圆形，绿色，叶大，叶片茸毛多。花冠黄色，果针紫色。单株结果数35.5个，饱果率80.7%，单株生产力32.7g。荚果茧形或普通形，网纹浅，缩缢浅，果嘴中。以双仁果为主，双仁果率85.5%。荚果中等大小，果长2.8cm，果壳厚1.5mm。籽仁椭圆形或桃形，无裂纹，种皮粉红色，内种皮白色。百果重130.2g，百仁重59.3g，出仁率71.0%。全生育期127d。

【休眠性】强。

【品质成分】粗脂肪含量51.9%，粗蛋白含量32.1%，油酸含量42.4%，亚油酸含量37.4%，O/L为1.13。

【抗逆性】耐涝性和抗旱性均弱。

【抗病性】无青枯病发生，高感病毒病、叶斑病和锈病。

【指纹图谱】

pPGPseq2C11	GNB556	Ah2TC11H06	Ah1TC5A06	GM2638	PM308	GNB329	AHS2037
385bp	56bp	210bp	176bp	55bp	74bp	223bp	312bp

秭归磨坪红皮花生

(国家库统一编号：Zh.h 4673)

秭归磨坪红皮花生为湖北秭归县农家品种，龙生型。

【特征特性】株型匍匐，密枝，交替开花。主茎高26.9cm，侧枝长51.5cm，总分枝数27.7条，结果枝数7.7条，主茎节数19.3个。茎粗7.5mm，茎部花青素少量，呈浅紫色，茎枝茸毛密长。小叶倒卵形，深绿色，叶较小，叶片茸毛多。花冠橘黄色，果针紫色。单株结果数18.2个，饱果率74.7%，单株生产力22.3g。荚果普通形或曲棍形，网纹深，缩缢中，果嘴中。以双仁果为主，双仁果率46.9%。荚果超大，果长4.3cm，果壳厚1.3mm。籽仁椭圆形，无裂纹，种皮粉红色，内种皮浅黄色。百果重194.6g，百仁重65.6g，出仁率67.5%。全生育期120d。

【休眠性】弱。

【品质成分】粗脂肪含量55.8%，粗蛋白含量30.8%，油酸含量44.8%，亚油酸含量35.9%，O/L为1.25。

【抗逆性】耐涝性弱，抗旱性中。

【抗病性】无锈病发生，高抗青枯病，中感病毒病，高感叶斑病。

【指纹图谱】

pPGPseq2C11	GNB556	Ah2TC11H06	Ah1TC5A06	GM2638	PM308	GNB329	AHS2037
461bp	62bp	168bp	172bp	55bp	64bp	238bp	327bp

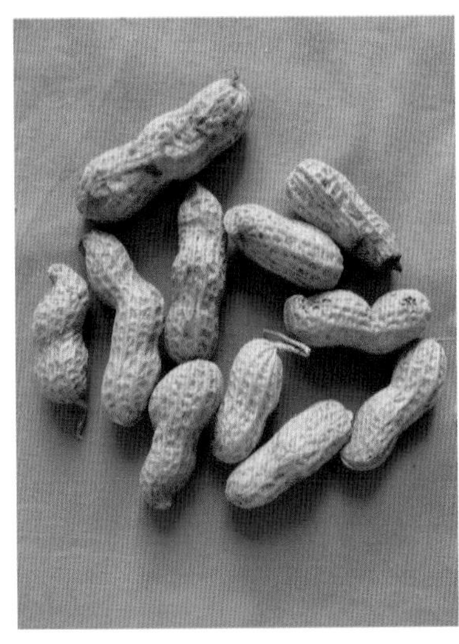

巴东杨柳池本地花生

（国家库统一编号：Zh.h 4681）

巴东杨柳池本地花生为湖北巴东县农家品种，多粒型。

【特征特性】株型直立，疏枝，连续开花。主茎高42.1cm，侧枝长51.0cm，总分枝数11.4条，结果枝数6.4条，主茎节数18.1个。茎粗8.1mm，茎部花青素较多，呈浅紫色，茎枝茸毛稀长。小叶宽倒卵形，绿色，叶大，叶片茸毛多。花冠黄色，果针浅紫色。单株结果数17.8个，饱果率71.9%，单株生产力37.5g。荚果茧形或串珠形，网纹浅，缩缢浅，果嘴短钝。以双仁果为主，双仁果率52.5%。荚果中等大小，果长2.9cm，果壳厚1.5mm。籽仁桃形或三角形，裂纹轻，种皮紫红色，内种皮橘红色。百果重171.2g，百仁重64.2g，出仁率70.4%。全生育期120d。

【休眠性】弱。

【品质成分】粗脂肪含量53.9%，粗蛋白含量28.4%，油酸含量45.6%，亚油酸含量34.9%，O/L为1.31。

【抗逆性】耐涝性和抗旱性均弱。

【抗病性】无青枯病发生，中感锈病，高感病毒病和叶斑病。

【指纹图谱】

pPGPseq2C11	GNB556	Ah2TC11H06	Ah1TC5A06	GM2638	PM308	GNB329	AHS2037
461bp	62bp	168bp	172bp	55bp	82bp	238bp	327bp

望 江 小 花 生

（国家库统一编号：Zh.h 4701）

望江小花生为安徽望江县农家品种，珍珠豆型。

【特征特性】株型直立，疏枝，连续开花。主茎高40.7cm，侧枝长49.9cm，总分枝数16.3条，结果枝数6.7条，主茎节数17.0个。茎粗7.2mm，茎部无花青素，呈绿色，茎枝茸毛密短。小叶椭圆形，黄绿色，叶大，叶片茸毛多。花冠黄色，果针浅紫色。单株结果数34.5个，饱果率82.8%，单株生产力35.5g。荚果茧形，网纹浅，缩缢浅，果嘴短。以双仁果为主，双仁果率91.9%。荚果中等大小，果长2.7cm，果壳厚1.4mm。籽仁桃形或三角形，无裂纹，种皮粉红色，内种皮白色。百果重140.0g，百仁重57.2g，出仁率73.8%。全生育期123d。

【休眠性】强。

【品质成分】粗脂肪含量57.2%，粗蛋白含量33.2%，油酸含量40.1%，亚油酸含量40.2%，O/L为1.00。

【抗逆性】抗旱性和耐涝性均弱。

【抗病性】无青枯病发生，中感叶斑病，高感病毒病和锈病。

【指纹图谱】

pPGPseq2C11	GNB556	Ah2TC11H06	Ah1TC5A06	GM2638	PM308	GNB329	AHS2037
439bp	77bp	168bp	188bp	73bp	64bp	214bp	312bp

黄岩勾鼻生

(国家库统一编号：Zh.h 4716)

黄岩勾鼻生为浙江黄岩县农家品种，普通型。

【特征特性】 株型半匍匐，密枝，交替开花。主茎高28.3cm，侧枝长41.0cm，总分枝数27.9条，结果枝数5.9条，主茎节数16.2个。茎粗5.7mm，茎部无花青素，呈浅绿色，茎枝茸毛稀短。小叶椭圆形，绿色，叶较小，叶片茸毛少。花冠黄色，果针浅紫色。单株结果数12.8个，饱果率78.6%，单株生产力13.0g。荚果普通形，网纹中，缩缢中，果嘴中。以双仁果为主，双仁果率64.5%。荚果中等大小，果长2.8cm，果壳厚1.3mm。籽仁椭圆形或三角形，无裂纹，种皮粉红色，内种皮白色。百果重112.4g，百仁重49.3g，出仁率71.1%。全生育期118d。

【休眠性】 强。

【品质成分】 粗脂肪含量52.6%，粗蛋白含量29.4%，油酸含量43.4%，亚油酸含量35.3%，O/L为1.28。

【抗逆性】 耐涝性和抗旱性均弱。

【抗病性】 无青枯病发生，高抗线虫病，中感叶斑病，高感病毒病和锈病。

【指纹图谱】

pPGPseq2C11	GNB556	Ah2TC11H06	Ah1TC5A06	GM2638	PM308	GNB329	AHS2037
403bp	62bp	182bp	192bp	65bp	82bp	220bp	312bp

赣　花　2326

（国家库统一编号：Zh.h 4749）

赣花2326为江西南昌市杂交品种，珍珠豆型。

【特征特性】株型直立，疏枝，连续开花。主茎高31.8cm，侧枝长40.0cm，总分枝数16.3条，结果枝数8.7条，主茎节数19.1个。茎粗6.4mm，茎部花青素少量，呈浅紫色，茎枝茸毛稀短。小叶长椭圆形，绿色，叶大，叶片茸毛多。花冠浅黄色，果针紫色。单株结果数30.6个，饱果率89.8%，单株生产力42.6g。荚果茧形或普通形，网纹中，缩缢浅，果嘴短钝。以双仁果为主，双仁果率82.6%。荚果中等大小，果长3.2cm，果壳厚1.7mm。籽仁椭圆形或圆柱形，裂纹轻，种皮粉红色，内种皮白色。百果重188.2g，百仁重70.3g，出仁率71.7%。全生育期120d。

【休眠性】中。

【品质成分】粗脂肪含量52.2%，粗蛋白含量30.9%，油酸含量43.9%，亚油酸含量36.0%，O/L为1.22。

【抗逆性】耐涝性和抗旱性均弱。

【抗病性】无青枯病、叶斑病、锈病和病毒病发生。

【指纹图谱】

pPGPseq2C11	GNB556	Ah2TC11H06	Ah1TC5A06	GM2638	PM308	GNB329	AHS2037
439bp	71/80bp	210bp	168bp	55bp	78bp	220bp	321bp

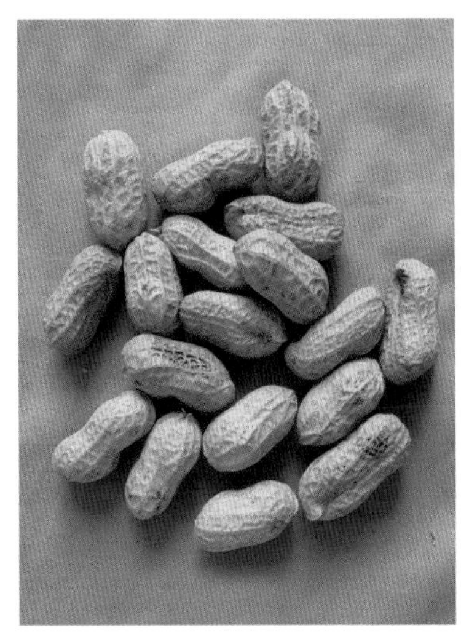

赣　花　2861

(国家库统一编号：Zh.h 4754)

赣花2861为江西南昌县杂交品种，珍珠豆型。

【特征特性】株型直立，疏枝，连续开花。主茎高31.7cm，侧枝长37.9cm，总分枝数13.3条，结果枝数6.9条，主茎节数17.7个。茎粗5.8mm，茎部无花青素，呈绿色，茎枝茸毛密短。小叶椭圆形，绿色，叶大，叶片茸毛极多。花冠黄色，果针浅紫色。单株结果数32.3个，饱果率84.7%，单株生产力45.3g。荚果茧形，网纹浅，缩缢浅，果嘴无。以双仁果为主，双仁果率82.7%。荚果中等大小，果长2.8cm，果壳厚2.1mm。籽仁桃形或圆柱形，无裂纹，种皮粉红色，内种皮白色。百果重193.7g，百仁重77.2g，出仁率73.8%。全生育期120d。

【休眠性】强。

【品质成分】粗脂肪含量51.2%，粗蛋白含量31.3%，油酸含量41.9%，亚油酸含量38.0%，O/L为1.10。

【抗逆性】耐涝性和抗旱性均弱。

【抗病性】无青枯病发生，中感病毒病和叶斑病，高感锈病。

【指纹图谱】

pPGPseq2C11	GNB556	Ah2TC11H06	Ah1TC5A06	GM2638	PM308	GNB329	AHS2037
439bp	56bp	168bp	180bp	65bp	80bp	238bp	327bp

赣　花　2867

(国家库统一编号：Zh.h 4756)

赣花2867为江西赣州市杂交品种，珍珠豆型。

【特征特性】 株型直立，疏枝，连续开花。主茎高25.1cm，侧枝长32.6cm，总分枝数16.2条，结果枝数10.9条，主茎节数16.5个。茎粗6.9mm，茎部无花青素，呈绿色，茎枝茸毛稀短。小叶椭圆形，绿色，叶中等大小，叶片茸毛多。花冠黄色，果针紫色。单株结果数41.9个，饱果率89.8%，单株生产力59.0g。荚果茧形，网纹中，缩缢浅，果嘴短钝。以双仁果为主，双仁果率89.4%。荚果中等大小，果长3.0cm，果壳厚1.7mm。籽仁桃形或圆柱形，裂纹轻，种皮粉红色，内种皮浅黄色。百果重196.7g，百仁重79.4g，出仁率74.1%。全生育期120d。

【休眠性】 弱。

【品质成分】 粗脂肪含量54.7%，粗蛋白含量32.0%，油酸含量44.8%，亚油酸含量35.3%，O/L为1.27。

【抗逆性】 耐涝性弱，抗旱性强。

【抗病性】 无青枯病发生，中感叶斑病，高感病毒病和锈病。

【指纹图谱】

pPGPseq2C11	GNB556	Ah2TC11H06	Ah1TC5A06	GM2638	PM308	GNB329	AHS2037
403bp	62bp	202bp	188bp	57bp	64bp	238bp	327bp

汕　油　523

(国家库统一编号：Zh.h 4779)

汕油523为广东汕头市杂交品种，中间型。

【特征特性】 株型直立，疏枝，连续开花。主茎高40.3cm，侧枝长46.2cm，总分枝数8.1条，结果枝数5.9条，主茎节数19.3个。茎粗8.4mm，茎部无花青素，呈绿色，茎枝茸毛稀短。小叶长椭圆形，浅绿色，叶极大，叶片茸毛少。花冠黄色，果针紫色。单株结果数24.9个，饱果率82.6%，单株生产力39.2g。荚果普通形，网纹深，缩缢中，果嘴短。以双仁果为主，双仁果率70.7%。荚果中等大小，果长3.7cm，果壳厚1.9mm。籽仁椭圆形，裂纹重，种皮粉红色，内种皮白色。百果重222.3g，百仁重87.3g，出仁率70.3%。全生育期120d。

【休眠性】 弱。

【品质成分】 粗脂肪含量54.0%，粗蛋白含量29.3%，油酸含量45.3%，亚油酸含量34.9%，O/L为1.30。

【抗逆性】 耐涝性弱，抗旱性中。

【抗病性】 无青枯病和锈病发生，中感病毒病和叶斑病。

【指纹图谱】

pPGPseq2C11	GNB556	Ah2TC11H06	Ah1TC5A06	GM2638	PM308	GNB329	AHS2037
439bp	62bp	182bp	168bp	55bp	74bp	220bp	321bp

白 肉 子

（国家库统一编号：Zh.h 4795）

白肉子为广东中山市农家品种，普通型。

【特征特性】 株型半匍匐，密枝，交替开花。主茎高30.9cm，侧枝长53.8cm，总分枝数21.5条，结果枝数6.1条，主茎节数20.1个。茎粗5.7mm，茎部花青素少量，呈浅紫色，茎枝茸毛密短。小叶椭圆形，绿色，叶较小，叶片茸毛多。花冠黄色，果针浅紫色。单株结果数13.2个，饱果率86.4%，单株生产力13.9g。荚果普通形，网纹中，缩缢中，果嘴中。以双仁果为主，双仁果率61.1%。荚果中等大小，果长3.4cm，果壳厚1.6mm。籽仁椭圆形，无裂纹，种皮粉红色，内种皮橘红色。百果重136.4g，百仁重63.5g，出仁率63.9%。全生育期120d。

【休眠性】 强。

【品质成分】 粗脂肪含量52.5%，粗蛋白含量31.0%，油酸含量46.7%，亚油酸含量34.0%，O/L为1.38。

【抗逆性】 耐涝性和抗旱性均弱。

【抗病性】 无青枯病、病毒病、叶斑病和锈病发生。

【指纹图谱】

pPGPseq2C11	GNB556	Ah2TC11H06	Ah1TC5A06	GM2638	PM308	GNB329	AHS2037
439bp	71bp	182bp	172bp	65bp	80bp	220bp	321bp

锦 花 2 号

（国家库统一编号：Zh.h 4820）

锦花2号为辽宁锦州市杂交品种，珍珠豆型。

【特征特性】 株型直立，疏枝，连续开花。主茎高37.7cm，侧枝长42.5cm，总分枝数17.9条，结果枝数11.1条，主茎节数18.7个。茎粗6.3mm，茎部无花青素，呈绿色，茎枝茸毛密短。小叶椭圆形，黄绿色，叶大，叶片茸毛少。花冠黄色，果针紫色。单株结果数43.9个，饱果率80.7%，单株生产力50.1g。荚果茧形，网纹浅，缩缢浅，果嘴短钝。以双仁果为主，双仁果率77.3%。荚果中等大小，果长3.0cm，果壳厚1.8mm。籽仁圆柱形或圆柱形，无裂纹，种皮粉红色，内种皮白色。百果重174.0g，百仁重69.0g，出仁率69.4%。全生育期121d。

【休眠性】 中。

【品质成分】 粗脂肪含量52.8%，粗蛋白含量29.2%，油酸含量50.1%，亚油酸含量31.6%，O/L为1.58。

【抗逆性】 耐涝性弱，抗旱性强。

【抗病性】 无青枯病、叶斑病、锈病和病毒病发生。

【指纹图谱】

pPGPseq2C11	GNB556	Ah2TC11H06	Ah1TC5A06	GM2638	PM308	GNB329	AHS2037
439bp	77bp	206bp	168bp	73bp	82bp	220bp	312bp

熊 罗 9-7

（国家库统一编号：Zh.h 4911）

熊罗9-7为四川南充市农家品种，龙生型。

【特征特性】株型匍匐，密枝，交替开花。主茎高37.2cm，侧枝长64.0cm，总分枝数17.8条，结果枝数4.3条，主茎节数18.9个。茎粗8.3mm，茎部花青素少量，呈浅紫色，茎枝茸毛密长。小叶倒卵形，深绿色，叶大，叶片茸毛极多。花冠黄色，果针紫色。单株结果数4.9个，饱果率81.1%，单株生产力4.7g。荚果普通形或曲棍形，网纹极深，缩缢浅，果嘴锐。以三仁果为主，三仁果率53.5%。荚果中等大小，果长3.4cm，果壳厚1.1mm。籽仁椭圆形，无裂纹，种皮粉红色，内种皮橘红色。百果重116.5g，百仁重47.0g，出仁率69.0%。全生育期130d。

【休眠性】强。

【品质成分】粗脂肪含量51.2%，粗蛋白含量28.2%，油酸含量54.2%，亚油酸含量28.4%，O/L为1.91。

【抗逆性】耐涝性弱，抗旱性强。

【抗病性】无青枯病、病毒病和叶斑病发生，高感锈病。

【指纹图谱】

pPGPseq2C11	GNB556	Ah2TC11H06	Ah1TC5A06	GM2638	PM308	GNB329	AHS2037
439bp	58bp	198bp	180bp	65bp	80bp	211bp	312bp

桑 植 C

（国家库统一编号：Zh.h 4923）

桑植C为湖南桑植县农家品种，普通型。

【特征特性】 株型匍匐，密枝，交替开花。主茎高34.9cm，侧枝长46.0cm，总分枝数28.4条，结果枝数8.5条，主茎节数19.6个。茎粗6.2mm，茎部花青素少量，呈浅紫色，茎枝茸毛稀短。小叶长椭圆形，黄绿色，叶中等大小，叶片茸毛多。花冠浅黄色，果针紫色。单株结果数20.9个，饱果率78.0%，单株生产力35.3g。荚果普通形，网纹中，缩缢中，果嘴中。以双仁果为主，双仁果率82.5%。荚果大，果长3.9cm，果壳厚1.5mm。籽仁椭圆形，无裂纹，种皮粉红色，内种皮橘红色。百果重239.7g，百仁重91.3g，出仁率69.5%。全生育期140d。

【休眠性】 强。

【品质成分】 粗脂肪含量52.4%，粗蛋白含量29.5%，油酸含量45.9%，亚油酸含量35.0%，O/L为1.31。

【抗逆性】 耐涝性弱，抗旱性强。

【抗病性】 无青枯病和叶斑病发生，中感锈病，高感病毒病。

【指纹图谱】

pPGPseq2C11	GNB556	Ah2TC11H06	Ah1TC5A06	GM2638	PM308	GNB329	AHS2037
439bp	71bp	206bp	168bp	73bp	80bp	223bp	312bp

白　　涛

（国家库统一编号：Zh.h 5020）

白涛为重庆白涛镇农家品种，珍珠豆型。

【特征特性】 株型直立，疏枝，连续开花。主茎高41.7cm，侧枝长48.8cm，总分枝数14.3条，结果枝数5.3条，主茎节数18.7个。茎粗6.6mm，茎部无花青素，呈浅绿色，茎枝茸毛密短。小叶椭圆形，黄绿色，叶大，叶片茸毛极多。花冠浅黄色，果针浅紫色。单株结果数29.7个，饱果率86.5%，单株生产力27.1g。荚果茧形，网纹中，缩缢浅，果嘴中。以双仁果为主，双仁果率90.4%。荚果小，果长2.4cm，果壳厚1.2mm。籽仁桃形或三角形，无裂纹，种皮粉红色，内种皮白色。百果重114.5g，百仁重45.7g，出仁率74.6%。全生育期130d。

【休眠性】 强。

【品质成分】 粗脂肪含量51.2%，粗蛋白含量27.9%，油酸含量48.7%，亚油酸含量32.9%，O/L为1.48。

【抗逆性】 耐涝性和抗旱性均弱。

【抗病性】 无青枯病、叶斑病和锈病发生，高感病毒病。

【指纹图谱】

pPGPseq2C11	GNB556	Ah2TC11H06	Ah1TC5A06	GM2638	PM308	GNB329	AHS2037
439bp	71bp	182bp	180bp	73bp	80bp	214bp	312bp

小河大花生-1

（国家库统一编号：Zh.h 5030）

小河大花生-1为四川威远县小河镇农家品种，普通型。

【特征特性】株型半匍匐，密枝，交替开花。主茎高31.7cm，侧枝长50.0cm，总分枝数23.5条，结果枝数6.5条，主茎节数18.5个。茎粗6.7mm，茎部无花青素，呈绿色，茎枝茸毛密短。小叶宽倒卵形，绿色，叶中等大小，叶片茸毛少。花冠黄色，果针紫色。单株结果数14.0个，饱果率54.8%，单株生产力14.0g。荚果普通形或曲棍形，网纹浅，缩缢中，果嘴中。以双仁果为主，双仁果率63.9%。荚果大，果长3.8cm，果壳厚1.5mm。籽仁椭圆形，无裂纹，种皮粉红色，内种皮橘红色。百果重172.7g，百仁重74.9g，出仁率67.4%。全生育期150d。

【休眠性】强。

【品质成分】粗脂肪含量52.1%，粗蛋白含量29.8%，油酸含量48.1%，亚油酸含量33.0%，O/L为1. 46。

【抗逆性】耐涝性弱，抗旱性强。

【抗病性】无青枯病、病毒病和锈病发生，中感叶斑病。

【指纹图谱】

pPGPseq2C11	GNB556	Ah2TC11H06	Ah1TC5A06	GM2638	PM308	GNB329	AHS2037
439bp	56/71bp	198bp	162bp	73bp	86bp	208bp	312bp

小河大花生-2

（国家库统一编号：Zh.h 5031）

小河大花生-2为四川威远县小河镇农家品种，普通型。

【特征特性】 株型半匍匐，密枝，交替开花。主茎高43.6cm，侧枝长49.3cm，总分枝数13.5条，结果枝数6.4条，主茎节数17.2个。茎粗7.1mm，茎部无花青素，呈绿色，茎枝茸毛密短。小叶椭圆形，绿色，叶大，叶片茸毛多。花冠黄色，果针浅紫色。单株结果数28.0个，饱果率84.5%，单株生产力39.1g。荚果茧形，网纹浅，缩缢浅，果嘴短钝。以双仁果为主，双仁果率81.3%。荚果中等大小，果长2.9cm，果壳厚1.9mm。籽仁桃形或椭圆形，无裂纹，种皮粉红色，内种皮浅黄色。百果重168.7g，百仁重63.2g，出仁率66.7%。全生育期140d。

【休眠性】 强。

【品质成分】 粗脂肪含量52.0%，粗蛋白含量31.2%，油酸含量47.3%，亚油酸含量34.0%，O/L为1.39。

【抗逆性】 耐涝性和抗旱性均弱。

【抗病性】 无青枯病、病毒病和叶斑病发生，中感锈病。

【指纹图谱】

pPGPseq2C11	GNB556	Ah2TC11H06	Ah1TC5A06	GM2638	PM308	GNB329	AHS2037
439bp	71bp	168bp	172bp	73bp	86bp	214bp	312bp

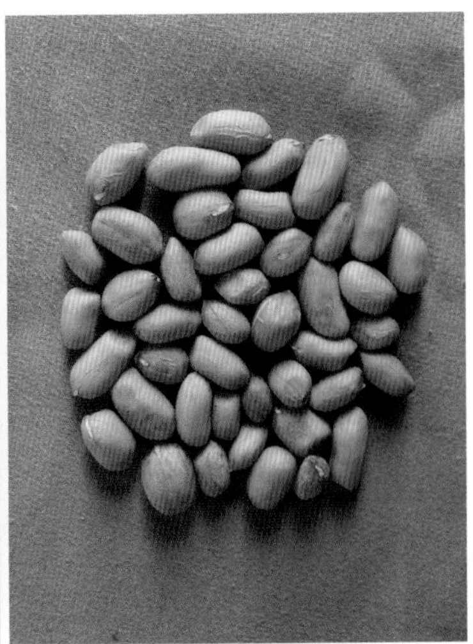

沙　洋　3527

（国家库统一编号：Zh.h 5034）

沙洋3527为湖北沙洋县杂交品种，普通型。

【特征特性】 株型半匍匐，密枝，交替开花。主茎高28.7cm，侧枝长36.5cm，总分枝数29.5条，结果枝数10.5条，主茎节数16.9个。茎粗9.5mm，茎部花青素少量，呈浅紫色，茎枝茸毛密短。小叶椭圆形，黄绿色，叶大，叶片茸毛极多。花冠黄色，果针浅紫色。单株结果数41.4个，饱果率92.4%，单株生产力94.9g。荚果普通形，网纹极深，缩缢浅，果嘴中。以双仁果为主，双仁果率87.7%。荚果超大，果长4.3cm，果壳厚2.0mm。籽仁椭圆形或圆柱形，裂纹轻，种皮粉红色，内种皮浅黄色。百果重281.2g，百仁重108.8g，出仁率67.8%。全生育期130d。

【休眠性】 中。

【品质成分】 粗脂肪含量53.3%，粗蛋白含量29.0%，油酸含量46.5%，亚油酸含量34.6%，O/L为1.35。

【抗逆性】 耐涝性弱，抗旱性中。

【抗病性】 无青枯病、叶斑病和锈病发生，高感病毒病。

【指纹图谱】

pPGPseq2C11	GNB556	Ah2TC11H06	Ah1TC5A06	GM2638	PM308	GNB329	AHS2037
439bp	62bp	198bp	162bp	57bp	74bp	223bp	327bp

岳西大花生

（国家库统一编号：Zh.h 5060）

岳西大花生为安徽岳西县农家品种，普通型。

【特征特性】 株型直立，密枝，交替开花。主茎高32.2cm，侧枝长37.7cm，总分枝数27.6条，结果枝数6.2条，主茎节数18.4个。茎粗5.9mm，茎部花青素少量，呈浅紫色，茎枝茸毛稀短。小叶宽倒卵形，深绿色，叶较小，叶片茸毛多。花冠黄色，果针紫色。单株结果数15.4个，饱果率73.2%，单株生产力14.6g。荚果普通形，网纹浅，缩缢中，果嘴中。以双仁果为主，双仁果率93.4%。荚果中等大小，果长3.1cm，果壳厚1.2mm。籽仁椭圆形，无裂纹，种皮粉红色，内种皮橘红色。百果重136.9g，百仁重56.1g，出仁率69.6%。全生育期148d。

【休眠性】 弱。

【品质成分】 粗脂肪含量52.9%，粗蛋白含量28.4%，油酸含量53.5%，亚油酸含量28.9%，O/L为1.85。

【抗逆性】 耐涝性弱，抗旱性强。

【抗病性】 无青枯病、叶斑病和锈病发生，高感病毒病。

【指纹图谱】

pPGPseq2C11	GNB556	Ah2TC11H06	Ah1TC5A06	GM2638	PM308	GNB329	AHS2037
439bp	77bp	182bp	168bp	65bp	64bp	238bp	312bp

来 安 花 生

（国家库统一编号：Zh.h 5065）

来安花生为安徽来安县农家品种，龙生型。

【特征特性】 株型匍匐，密枝，交替开花。主茎高26.1cm，侧枝长49.7m，总分枝数30.1条，结果枝数7.4条，主茎节数17.4个。茎粗7.7mm，茎部花青素少量，呈浅紫色，茎枝茸毛密长。小叶倒卵形，绿色，叶较小，叶片茸毛极多。花冠橘黄色，果针紫色。单株结果数24.1个，饱果率75.7%，单株生产力25.4g。荚果普通形或曲棍形，网纹中，缩缢中，果嘴中。以双仁果为主，双仁果率57.2%。荚果中等大小，果长3.6cm，果壳厚1.1mm。籽仁三角形或椭圆形，裂纹轻，种皮粉红色，内种皮浅黄色。百果重153.2g，百仁重52.0g，出仁率68.0%。全生育期148d。

【休眠性】 强。

【品质成分】 粗脂肪含量52.1%，粗蛋白含量31.0%，油酸含量43.5%，亚油酸含量36.6%，O/L为1.19。

【抗逆性】 耐涝性弱，抗旱性强。

【抗病性】 无青枯病、病毒病、叶斑病和锈病发生。

【指纹图谱】

pPGPseq2C11	GNB556	Ah2TC11H06	Ah1TC5A06	GM2638	PM308	GNB329	AHS2037
403bp	56bp	142bp	192bp	57bp	78bp	238bp	342bp

檀头六月仔

（国家库统一编号：Zh.h 5075）

檀头六月仔为浙江象山县农家品种，珍珠豆型。

【特征特性】株型直立，疏枝，连续开花。主茎高27.6cm，侧枝长32.9cm，总分枝数13.0条，结果枝数7.1条，主茎节数15.9个。茎粗6.1mm，茎部无花青素，呈绿色，茎枝茸毛密短。小叶椭圆形，绿色，叶较小，叶片茸毛多。花冠黄色，果针浅紫色。单株结果数30.4个，饱果率82.9%，单株生产力33.0g。荚果茧形或普通形，网纹中，缩缢浅，果嘴短钝。以双仁果为主，双仁果率85.0%。荚果中等大小，果长2.8cm，果壳厚1.3mm。籽仁椭圆形或三角形，裂纹轻，种皮粉红色，内种皮白色。百果重171.7g，百仁重76.8g，出仁率75.4%。全生育期113d。

【休眠性】中。

【品质成分】粗脂肪含量53.4%，粗蛋白含量31.5%，油酸含量42.1%，亚油酸含量37.8%，O/L为1.11。

【抗逆性】耐涝性弱，抗旱性中。

【抗病性】无青枯病、病毒病、叶斑病和锈病发生。

【指纹图谱】

pPGPseq2C11	GNB556	Ah2TC11H06	Ah1TC5A06	GM2638	PM308	GNB329	AHS2037
403bp	56bp	182bp	156bp	55bp	80bp	232bp	342bp

三 号 仔

（国家库统一编号：Zh.h 5098）

三号仔为广东韶关市农家品种，龙生型。

【特征特性】株型匍匐，密枝，交替开花。主茎高31.7cm，侧枝长47.4cm，总分枝数35.2条，结果枝数8.5条，主茎节数15.5个。茎粗6.1mm，茎部花青素少量，呈浅紫色，茎枝茸毛密长。小叶宽倒卵形，绿色，叶较小，叶片茸毛多。花冠黄色，果针绿色。单株结果数8.3个，饱果率88.5%，单株生产力22.9g。荚果曲棍形，网纹极深，缩缢浅，果嘴极锐。以三仁果为主，三仁果率56.3%。荚果大，果长4.0cm，果壳厚1.4mm。籽仁三角形或椭圆形，无裂纹，种皮粉红色，内种皮橘红色。百果重155.7g，百仁重49.9g，出仁率67.9%。全生育期160d。

【休眠性】强。

【品质成分】粗脂肪含量49.7%，粗蛋白含量27.9%，油酸含量51.5%，亚油酸含量31.3%，O/L为1.64。

【抗逆性】耐涝性和抗旱性均弱。

【抗病性】无青枯病和锈病发生，中感叶斑病，高感病毒病。

【指纹图谱】

pPGPseq2C11	GNB556	Ah2TC11H06	Ah1TC5A06	GM2638	PM308	GNB329	AHS2037
439bp	68bp	182bp	176bp	73bp	86bp	214bp	312bp

群　育　161

（国家库统一编号：Zh.h 5327）

群育161为山东文登区系选品种，中间型。

【特征特性】株型直立，疏枝，连续开花。主茎高28.7cm，侧枝长33.1cm，总分枝数12.9条，结果枝数6.5条，主茎节数16.3个。茎粗6.2mm，茎部无花青素，呈绿色，茎枝茸毛稀短。小叶长椭圆形，绿色，叶中等大小，叶片茸毛少。花冠黄色，果针紫色。单株结果数18.5个，饱果率77.6%，单株生产力25.9g。荚果普通形，网纹浅，缩缢中，果嘴短钝。以双仁果为主，双仁果率78.1%。荚果中等大小，果长3.6cm，果壳厚1.0mm。籽仁为椭圆形，裂纹中，种皮粉红色，内种皮白色。百果重189.5g，百仁重75.4g，出仁率72.3%。全生育期156d。

【休眠性】弱。

【品质成分】粗脂肪含量54.8%，粗蛋白含量27.8%，油酸含量45.9%，亚油酸含量35.0%，O/L为1.31。

【抗逆性】耐涝性弱，抗旱性强。

【抗病性】无青枯病、叶斑病、锈病和病毒病发生。

【指纹图谱】

pPGPseq2C11	GNB556	Ah2TC11H06	Ah1TC5A06	GM2638	PM308	GNB329	AHS2037
439bp	71/80bp	182bp	168bp	73bp	86bp	214bp	312bp

经　花　14

（国家库统一编号：Zh.h 5365）

经花14为山西太原市系选品种，中间型。

【特征特性】株型半匍匐，密枝，连续开花。主茎高39.8cm，侧枝长57.0cm，总分枝数29.5条，结果枝数8.3条，主茎节数21.6个。茎粗7.1mm，茎部无花青素，呈绿色，茎枝茸毛密短。小叶椭圆形，绿色，叶中等大小，叶片茸毛少。花冠黄色，果针绿色。单株结果数25.8个，饱果率80.1%，单株生产力26.7g。荚果普通形或葫芦形，网纹浅，缩缢深，果嘴中。以双仁果为主，双仁果率85.5%。荚果中等大小，果长2.9cm，果壳厚0.9mm。籽仁椭圆形，无裂纹，种皮粉红色，内种皮橘红色。百果重119.3g，百仁重50.0g，出仁率76.1%。全生育期155d。

【休眠性】强。

【品质成分】粗脂肪含量53.7%，粗蛋白含量29.3%，油酸含量48.0%，亚油酸含量33.5%，O/L为1.43。

【抗逆性】耐涝性弱，不抗旱。

【抗病性】无青枯病、锈病和叶斑病发生，中感病毒病。

【指纹图谱】

pPGPseq2C11	GNB556	Ah2TC11H06	Ah1TC5A06	GM2638	PM308	GNB329	AHS2037
439bp	80bp	182bp	172bp	73bp	82bp	235bp	312bp

经　花　25

（国家库统一编号：Zh.h 5376）

经花25为山西太原市系选品种，中间型。

【特征特性】株型直立，密枝，连续开花。主茎高39.7cm，侧枝长48.2cm，总分枝数29.0条，结果枝数7.8条，主茎节数18.1个。茎粗7.7mm，茎部无花青素，呈绿色，茎枝茸毛稀短。小叶倒卵形，深绿色，叶中等大小，叶片茸毛少。花冠浅黄色，果针紫色。单株结果数15.7个，饱果率77.5%，单株生产力21.8g。荚果普通形或斧头形，网纹中，缩缢中，果嘴中。以双仁果为主，双仁果率71.9%。荚果大，果长3.9cm，果壳厚1.7mm。籽仁椭圆形，无裂纹，种皮粉红色，内种皮橘红色。百果重206.2g，百仁重81.2g，出仁率75.6%。全生育期155d。

【休眠性】弱。

【品质成分】粗脂肪含量54.2%，粗蛋白含量29.5%，油酸含量50.1%，亚油酸含量31.7%，O/L为1.58。

【抗逆性】耐涝性中，抗旱性弱。

【抗病性】无青枯病和锈病发生，中感病毒病，高感叶斑病。

【指纹图谱】

pPGPseq2C11	GNB556	Ah2TC11H06	Ah1TC5A06	GM2638	PM308	GNB329	AHS2037
439bp	71bp	182bp	168bp	55bp	82bp	214bp	312bp

经　花　48

（国家库统一编号：Zh.h 5399）

经花48为山西太原市系选品种，中间型。

【特征特性】株型直立，密枝，连续开花。主茎高37.2cm，侧枝长53.7cm，总分枝数25.4条，结果枝数6.0条，主茎节数23.1个。茎粗5.6mm，茎部无花青素，呈绿色，茎枝茸毛稀短。小叶倒卵形，黄绿色，叶较小，叶片茸毛极多。花冠黄色，果针浅紫色。单株结果数14.5个，饱果率60.4%，单株生产力13.7g。荚果普通形或斧头形，网纹深，缩缢深，果嘴锐。以双仁果为主，双仁果率65.5%。荚果中等大小，果长3.4cm，果壳厚1.3mm。籽仁椭圆形，无裂纹，种皮粉红色，内种皮橘红色。百果重155.0g，百仁重67.4g，出仁率69.7%。全生育期146d。

【休眠性】强。

【品质成分】粗脂肪含量52.6%，粗蛋白含量28.9%，油酸含量51.8%，亚油酸含量30.1%，O/L为1.72。

【抗逆性】耐涝性弱，抗旱性强。

【抗病性】无青枯病和病毒病发生，中抗线虫病，中感叶斑病和锈病。

【指纹图谱】

pPGPseq2C11	GNB556	Ah2TC11H06	Ah1TC5A06	GM2638	PM308	GNB329	AHS2037
439bp	56bp	168bp	168bp	55bp	86bp	220bp	312bp

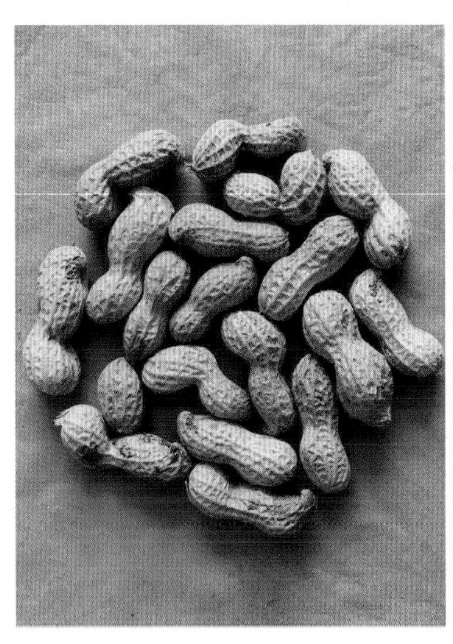

主要参考文献

References

白秀峰, 1978. 花生起源及世界各主要产区栽培史略述[J]. 花生学报 (4) : 36-38 .

白秀峰, 栾文琪, 朱忠学, 1982. 花生品种资源生态分类及引种规律的研究[J]. 山东农业科学(4): 24-29 .

蔡骥业, 1993. 花生属种质的采集与分类、保存和更新、评估及利用[J]. 花生学报 (2) : 17-19.

董玉琛, 2001. 作物种质资源学科的发展和展望[J]. 中国工程科学 (1) : 1-5.

段乃雄, 姜慧芳, 1994 . 花生品种资源的收集保存鉴定[J]. 中国油料作物学报(3) : 28-32.

段乃雄, 姜慧芳, 1995. 中国的龙花生—— I. 龙花生的来源和传播[J]. 中国油料作物学报 (2) : 68-71.

段乃雄, 姜慧芳, 周蓉, 等, 1996. 中国的龙花生——Ⅳ. 中国龙花生的研究现状[J]. 中国油料作物学报 (3) : 73-75.

姜慧芳, 段乃雄, 1996. 中国的龙花生——Ⅲ. 关于“茸毛变种”分类标准的商榷[J]. 中国油料作物学报 (1) : 74-76.

姜慧芳, 段乃雄, 1998. 花生种质资源在育种中的利用 [J]. 中国种业 (2) : 24-25.

姜慧芳, 任小平, 2006. 我国栽培种花生资源农艺和品质性状的遗传多样性[J]. 中国油料作物学报, 28 (4) : 421-426.

姜慧芳, 任小平, 段乃雄, 1999. 中国龙生型花生的耐旱性鉴定与综合评价 [J]. 中国农业科学, 32 (s1) : 59-63.

姜慧芳, 任小平, 段乃雄, 等, 2001. 几个龙生型花生的耐旱形态性状研究[J]. 中国油料作物学报, 23 (1) : 12-16.

焦庆清, 2011. 花生种质资源主要农艺性状的鉴定与评价 [D]. 南京: 南京农业大学.

林壁润, 郑奕雄, 2009. 我国花生青枯病菌的遗传多样性与抗病育种研究进展[J]. 广东农业科学 (12) : 20-21.

刘旭, 1999. 作物种质资源与农业科技革命 [J]. 中国农业科技导报, 1 (2) : 31-35.

栾文琪, 1990. 国外花生栽培种的分类方法 [J]. 世界农业 (9) : 27.

栾文琪, 顾淑媛, 1993. 我国的花生品种资源及其在育种上的利用 [J]. 中国种业 (4) : 13-15.

卢新雄, 曹永生, 2001. 作物种质资源保存现状与展望 [J]. 中国农业科技导报, 3 (3) : 43-47.

潘玲华, 蒋菁, 钟瑞春, 等, 2009. 花生属植物起源, 分类及花生栽培种祖先研究进展 [J]. 广西农业科学, 40 (4): 344-347.

任小平, 姜慧芳, 廖伯寿, 等, 2007. 龙生型花生的遗传多样性 [J]. 植物科学学报, 25 (4) : 401-405.

石延茂, 董炜博, 赵志强, 2001. 花生品种对病害抗性鉴定 [J]. 种子科技, 19 (4) :224-225.

孙中瑞, 于善新, 毛兴文, 1979. 我国花生栽培历史初探——兼论花生栽培种的地理起源 [J]. 花生学报, 12 (3) : 89-94.

唐荣华, 2004. 花生属种质资源遗传多态性和分子分类研究 [D]. 福建: 福建农林大学.

万书波, 2003. 中国栽培花生学 [M]. 上海: 上海科学技术出版社.

王宝卿, 2006. 明清以来山东种植结构变迁及其影响研究 [D]. 南京: 南京农业大学.

王宝卿, 王思明, 2005. 花生的传入、传播及其影响研究 [J]. 中国农史, 24 (1) : 35-44.

翁跃进, 1988. 花生属种质资源的分类和利用[J]. 中国种业 (2): 8-10,13 .

闫彩霞, 张浩, 张廷婷, 等, 2016. 抗感黄曲霉花生种质遗传多样性评价与指纹图谱构建[J]. 山东农业科学, 48 (1) : 1- 6.

闫彩霞, 张浩, 李春娟, 等, 2017. 黄曲霉侵染后花生胚发育动态及抗感病相关种质群体结构[J]. 山东农业科学, 49 (3) : 1-9.

余辉, 袁建中, 李东广, 等, 2006. 珍珠豆型花生品种利用现状及改良对策[J]. 中国种业 (8) : 38-39.

翟虎渠, 2013. 中国作物种质资源保护与种质创新利用[J]. 中国花卉园艺 (19) : 22-24.

郑殿升, 刘旭, 黎裕, 2012. 起源于中国的栽培植物[J]. 植物遗传资源学报, 13 (1) : 1-10.

郑殿升, 杨庆文, 刘旭, 2011. 中国作物种质资源多样性[J]. 植物遗传资源学报, 12 (4) : 497-500.

Barkley N A, Dean R E, Pittman R N, et al, 2007. Genetic diversity of cultivated and wild-type peanuts evaluated with M13-tailed SSR markers and sequencing[J]. Genetical research, 89 (2) : 93-106.

Ferguson M E, Bramel P J, Chandra S, 2004. Gene diversity among botanical varieties in peanut (*Arackis hypogaea* L.) [J]. Crop Science, 44 (5) : 1847-1854.

He G, Meng R, Hui G, et al, 2005. Simple sequence repeat markers for botanical varieties of cultivated peanut (*Arachis hypogaea* L.) [J]. Euphytica, 142 (1-2) : 131-136.

He G, Meng R, Newman M, et al, 2003. Microsatellites as DNA markers in cultivated peanut (*Arachis hypogaea* L.) [J]. Bmc Plant Biology, 3 (1) : 3.

Holbrook C C, Anderson W F, Pittman R N, 1993. Selection of a core collection from the US germplasm collection of peanut[J]. Crop Science, 33 (4) : 859-861.

Holbrook C C, Dong W, 2005. Development and evaluation of a mini core collection for the US peanut germplasm collection[J]. Crop Science, 45 (4) : 1540-1544.

Holbrook C C, Stalker H T, 2003. Peanut breeding and genetic resources[J]. Plant Breeding Reviews, 22: 297-356.

Hong Y, Chen X, Liang X, et al, 2010. A SSR-based composite genetic linkage map for the cultivated peanut (*Arachis hypogaea* L.) genome[J]. BMC Plant Biology, 10 (1) : 1-13.

Kenta S, Bertioli D J, Varshney R K, et al, 2013. Integrated consensus map of cultivated peanut and wild relatives reveals structures of the A and B genomes of arachisand divergence of the legume genomes[J]. DNA Research, 20 (2) : 173-184.

Krishna G K, Zhang J, Burow M, et al, 2004. Genetic diversity analysis in valencia peanut (*Arachis hypogaea* L.) using microsatellite markers[J]. Cellular & Molecular Biology Letters, 9 (4) : 685-697.

Lealbertioli S C M, Santos S P, Dantas K M, et al, 2015. Arachis batizocoi: a study of its relationship to cultivated peanut (*A. hypogaea* L.) and its potential for introgression of wild genes into the peanut crop using induced allotetraploids[J]. Annals of Botany, 115 (2) : 237-249.

Moretzsohn M C, Leoi L, Proite K, et al, 2005. A microsatellite-based, gene-rich linkage map for the AA genome of *Arachis* (Fabaceae) [J]. Theoretical and Applied Genetics, 111 (6) : 1060-1071.

Shirasawa K, Koilkonda P, Aoki K, et al, 2012. In silico polymorphism analysis for the development of simple sequence repeat and transposon markers and construction of linkage map in cultivated peanut[J]. BMC Plant Biology, 12: 80.

Upadhyaya H D, 2003. Phenotypic diversity in groundnut (*Arachis hypogaea* L.) core collection assessed by morphological and agronomical evaluations[J]. Genetic Resources and Crop Evolution, 50 (5) : 539-550.

Upadhyaya H D, Bramel P J, Ortiz R, et al, 2002. Developing a mini core of peanut for utilization of genetic resources[J]. Crop Science, 42 (6) : 2150-2156.

Upadhyaya H D, Ortiz R, Bramel P J, et al, 2003. Development of a groundnut core collection using taxonomical, geographical and morphological descriptors[J]. Genetic Resources and Crop Evolution, 50 (2) : 139-148.

Upadhyaya H D, Pundir R P S, Dwivedi S L, et al, 2009. Developing a mini core collection of *Sorghum* for diversified utilization of germplasm[J]. Crop Science, 49 (5) : 1769-1780.

Varshney R K, Bertioli D J, Moretzsohn M C, et al, 2009. The first SSR-based genetic linkage map for cultivated groundnut (*Arachis hypogaea* L.) [J]. Theoretical and Applied Genetics, 118 (4) : 729-739.

Wang H, Penmetsa R V, Yuan M, et al, 2012. Development and characterization of BAC-end sequence derived SSRs, and their incorporation into a new higher density genetic map for cultivated peanut (*Arachis hypogaea* L.) [J]. BMC Plant Biology, 12 (1) : 1-11.

附　录

Appendixes

附录1 中国花生地方品种骨干种质类型资源

多粒型花生种质资源

序号	国家库统一编号	种质名称	来源地	选育方法	植物学类型
1	Zh.h 0024	即墨小红花生	山东即墨市	农家品种	多粒型
2	Zh.h 0042	法库四粒红	辽宁法库县	农家品种	多粒型
3	Zh.h 0099	赣榆小站秧	江苏赣榆区	农家品种	多粒型
4	Zh.h 0519	阜花3号	辽宁阜新县	杂交	多粒型
5	Zh.h 1306	大粒花生	江西余干县	农家品种	多粒型
6	Zh.h 1597	蒙自十里铺红皮	云南蒙自市	农家品种	多粒型
7	Zh.h 1602	辽中四粒红	辽宁辽中县	农家品种	多粒型
8	Zh.h 1689	青川小花生	四川青川县	农家品种	多粒型
9	Zh.h 1934	钩豆	广东从化区	农家品种	多粒型
10	Zh.h 2508	南溪二郎子	四川南溪区	农家品种	多粒型
11	Zh.h 2665	大花生	广东廉江市	农家品种	多粒型
12	Zh.h 4681	巴东杨柳池本地花生	湖北巴东县	农家品种	多粒型

珍珠豆型花生种质资源

序号	国家库统一编号	种质名称	来源地	选育方法	植物学类型
1	Zh.h 0008	蓬莱小粒花生	山东蓬莱市	农家品种	珍珠豆型
2	Zh.h 0041	新宾红粒	辽宁新宾县	农家品种	珍珠豆型
3	Zh.h 0082	伏花生	山东福山县	农家品种	珍珠豆型
4	Zh.h 0162	强盗花生	江西余干县	农家品种	珍珠豆型
5	Zh.h 0417	石龙红花生	广西象州县	农家品种	珍珠豆型
6	Zh.h 0436	蒲庙花生	广西邕宁区	农家品种	珍珠豆型
7	Zh.h 0481	三伏	广西南宁市	农家品种	珍珠豆型
8	Zh.h 0490	龙武细花生	云南石屏县	农家品种	珍珠豆型
9	Zh.h 0608	万安花生	江西万安县	农家品种	珍珠豆型
10	Zh.h 0934	夏津小二秧	山东夏津县	农家品种	珍珠豆型
11	Zh.h 1045	杨庄133	河南杞县杨庄镇	杂交	珍珠豆型
12	Zh.h 1411	徐系4号	江苏徐州市	系选	珍珠豆型
13	Zh.h 1590	垟山头多粒	浙江永嘉县	农家品种	珍珠豆型
14	Zh.h 1591	普陀花生	浙江普陀县	农家品种	珍珠豆型
15	Zh.h 1672	临县花生	山西临县	农家品种	珍珠豆型
16	Zh.h 1683	潢川直杆	河南潢川县	农家品种	珍珠豆型
17	Zh.h 1830	安化小子	湖南安化县	农家品种	珍珠豆型
18	Zh.h 2069	狮头企	广西上思县	农家品种	珍珠豆型
19	Zh.h 2100	西农040	广西南宁市	杂交	珍珠豆型
20	Zh.h 2105	南宁小花生	广西南宁市	农家品种	珍珠豆型
21	Zh.h 2152	惠水花生	贵州惠水县	农家品种	珍珠豆型

（续）

序号	国家库统一编号	种质名称	来源地	选育方法	植物学类型
22	Zh.h 2160	绥阳扯花生	贵州绥阳县	农家品种	珍珠豆型
23	Zh.h 2387	英德鸡豆仔	广东英德市	农家品种	珍珠豆型
24	Zh.h 2475	李砦小花生	河南永城市	农家品种	珍珠豆型
25	Zh.h 2483	百日矮8号	四川南充市	杂交	珍珠豆型
26	Zh.h 2618	墩督仔	广东惠阳区	农家品种	珍珠豆型
27	Zh.h 2637	小良细花生	广东电白区	农家品种	珍珠豆型
28	Zh.h 2671	清远细豆2号	广东清远县	农家品种	珍珠豆型
29	Zh.h 2683	凯里蔓花生	贵州凯里市	农家品种	珍珠豆型
30	Zh.h 4431	辐杂突8号	山东莱西市	杂交	珍珠豆型
31	Zh.h 4701	望江小花生	安徽望江县	农家品种	珍珠豆型
32	Zh.h 4749	赣花2326	江西南昌市	杂交	珍珠豆型
33	Zh.h 4754	赣花2861	江西南昌县	杂交	珍珠豆型
34	Zh.h 4756	赣花2867	江西赣州市	杂交	珍珠豆型
35	Zh.h 4820	锦花2号	辽宁锦州市	杂交	珍珠豆型
36	Zh.h 5020	白涛	重庆白涛镇	农家品种	珍珠豆型
37	Zh.h 5075	檀头六月仔	浙江象山县	农家品种	珍珠豆型

龙生型花生种质资源

序号	国家库统一编号	种质名称	来源地	选育方法	植物学类型
1	Zh.h 0003	抚宁多粒	河北抚宁区	农家品种	龙生型
2	Zh.h 0033	红膜七十日早	福建龙岩市	农家品种	龙生型
3	Zh.h 0102	启东赤豆花生	江苏启东市	农家品种	龙生型
4	Zh.h 0378	百日子	福建永定区	农家品种	龙生型
5	Zh.h 0441	扶绥花生	广西扶绥县	农家品种	龙生型
6	Zh.h 0477	睦屋拔豆	广西灵山县	农家品种	龙生型
7	Zh.h 0500	义兴扯花生	贵州兴义县	农家品种	龙生型
8	Zh.h 0531	滕县滕子花生	山东滕县	农家品种	龙生型
9	Zh.h 0537	巨野小花生	山东巨野县	农家品种	龙生型
10	Zh.h 0540	栖霞爬蔓小花生	山东栖霞县	农家品种	龙生型
11	Zh.h 0875	威海大粒墩	山东威海市	农家品种	龙生型
12	Zh.h 1596	多粒花生	广西都安县	农家品种	龙生型
13	Zh.h 1771	阳新花生	湖北阳新县	农家品种	龙生型
14	Zh.h 1777	早花生	湖北大悟县	农家品种	龙生型
15	Zh.h 1797	鄂花5号	湖北武汉市	杂交	龙生型
16	Zh.h 2006	粤油92	广东广州市	杂交	龙生型
17	Zh.h 2208	沂南四粒糙	山东沂南县	农家品种	龙生型
18	Zh.h 2224	熊罗9号	四川南充市	杂交	龙生型
19	Zh.h 2231	大伏抚罗1号	四川南充市	杂交	龙生型
20	Zh.h 2330	全州凤凰花生	广西全州县	农家品种	龙生型
21	Zh.h 2360	鹿寨大花生	广西鹿寨县	农家品种	龙生型
22	Zh.h 2376	大虱督	广东惠阳区	农家品种	龙生型

（续）

序号	国家库统一编号	种质名称	来源地	选育方法	植物学类型
23	Zh.h 2380	大直丝	广东南雄市	农家品种	龙生型
24	Zh.h 2413	沂南小麻叶	山东沂南县	农家品种	龙生型
25	Zh.h 2550	霸王鞭	湖北罗田县	农家品种	龙生型
26	Zh.h 2603	桂圩大豆	广东郁南县	农家品种	龙生型
27	Zh.h 2604	屯笃仔	广东英德市	农家品种	龙生型
28	Zh.h 2609	琼山花生	海南琼山区	农家品种	龙生型
29	Zh.h 4673	秭归磨坪红皮花生	湖北秭归县	农家品种	龙生型
30	Zh.h 4911	熊罗9-7	四川南充市	农家品种	龙生型
31	Zh.h 5065	来安花生	安徽来安县	农家品种	龙生型
32	Zh.h 5098	三号仔	广东韶关市	农家品种	龙生型

普通型花生种质资源

序号	国家库统一编号	种质名称	来源地	选育方法	植物学类型
1	Zh.h 0062	莒南小白仁	山东莒南县	农家品种	普通型
2	Zh.h 0125	涡阳站秧	安徽涡阳县	农家品种	普通型
3	Zh.h 0127	滁县二秧子	安徽滁县	农家品种	普通型
4	Zh.h 0525	锦交1号	辽宁锦州市	系选	普通型
5	Zh.h 0577	海门圆头花生	江苏海门市	农家品种	普通型
6	Zh.h 0636	凌乐大花生	广西凌乐县	农家品种	普通型
7	Zh.h 0678	托克逊小花生	新疆托克逊县	农家品种	普通型
8	Zh.h 0680	北京大粒墩	北京市	农家品种	普通型
9	Zh.h 0719	武邑花生	河北武邑县	农家品种	普通型
10	Zh.h 0764	昆嵛大粒墩	山东牟平区	农家品种	普通型
11	Zh.h 0844	临清一窝蜂	山东临清市	农家品种	普通型
12	Zh.h 0853	艳子山大粒墩	山东即墨市	农家品种	普通型
13	Zh.h 0856	花55	山东莱西市	杂交	普通型
14	Zh.h 0858	花54	山东莱西市	杂交	普通型
15	Zh.h 0861	反修1号	山东临沂市	杂交	普通型
16	Zh.h 0868	栖霞半糠皮	山东栖霞市	农家品种	普通型
17	Zh.h 0897	胶南一棚星	山东胶南市	农家品种	普通型
18	Zh.h 0930	莱芜蔓	山东莱芜市	农家品种	普通型
19	Zh.h 0949	牟平大粒蔓	山东牟平区	农家品种	普通型
20	Zh.h 0977	汶上蔓生	山东汶上县	农家品种	普通型
21	Zh.h 0998	撑破囤	山东五莲县	农家品种	普通型
22	Zh.h 1001	滕县洋花生	山东滕县	农家品种	普通型
23	Zh.h 1075	南阳小油条	河南南阳市	农家品种	普通型
24	Zh.h 1315	发财生	福建平潭县	农家品种	普通型
25	Zh.h 1324	全县番鬼豆	广西全州县	农家品种	普通型
26	Zh.h 1331	柳城篩豆	广西柳城县	农家品种	普通型
27	Zh.h 1374	托克逊大花生	新疆托克逊县	农家品种	普通型
28	Zh.h 1377	北镇大花生	辽宁北镇市	农家品种	普通型

（续）

序号	国家库统一编号	种质名称	来源地	选育方法	植物学类型
29	Zh.h 1388	兴城红崖伏大	辽宁兴城市	农家品种	普通型
30	Zh.h 1585	洪洞花生	山西洪洞县	农家品种	普通型
31	Zh.h 1714	紫皮天三	四川南充市	农家品种	普通型
32	Zh.h 1816	金寨蔓生	安徽金寨县	系选	普通型
33	Zh.h 1843	茶陵打子	湖南茶陵县	农家品种	普通型
34	Zh.h 2044	浦油3号	福建漳浦县	杂交	普通型
35	Zh.h 2045	黄油17	福建晋江市	系选	普通型
36	Zh.h 2056	惠红40	福建惠安县	杂交	普通型
37	Zh.h 2076	西农3号	广西南宁市	杂交	普通型
38	Zh.h 2176	沈阳小花生	辽宁沈阳市	农家品种	普通型
39	Zh.h 2177	永宁小花生	辽宁瓦房店市	农家品种	普通型
40	Zh.h 2248	江津小花生	重庆江津区	农家品种	普通型
41	Zh.h 2250	扶沟罗油6号	四川南充市	农家品种	普通型
42	Zh.h 2258	仪陇大罗汉	四川仪陇县	农家品种	普通型
43	Zh.h 2292	浒山半果种	浙江慈溪市	农家品种	普通型
44	Zh.h 2294	长沙土子花生	湖南长沙县	农家品种	普通型
45	Zh.h 2374	大只豆	广东惠阳区	农家品种	普通型
46	Zh.h 2378	大叶豆	广西博罗县	农家品种	普通型
47	Zh.h 2404	福山小麻脸	山东福山县	农家品种	普通型
48	Zh.h 2405	试花1号	山东文登区	农家品种	普通型
49	Zh.h 2406	试花3号	山东文登区	农家品种	普通型
50	Zh.h 2410	博山站秧子	山东淄博市	农家品种	普通型
51	Zh.h 2425	嘉祥长秧	山东嘉祥县	农家品种	普通型
52	Zh.h 2426	沂南大铺秧	山东沂南县	农家品种	普通型
53	Zh.h 2456	郑72-5	河南郑州市	杂交	普通型
54	Zh.h 2461	长垣一把抓	河南长垣县	农家品种	普通型
55	Zh.h 2462	濮阳837	河南濮阳市	杂交	普通型
56	Zh.h 2464	濮阳二糙	河南濮阳县	农家品种	普通型
57	Zh.h 2466	王屋花生	河南济源市	农家品种	普通型
58	Zh.h 2477	开封大拖秧	河南开封市	农家品种	普通型
59	Zh.h 2499	南江大花生	四川南江县	农家品种	普通型
60	Zh.h 2562	宿松土花生	安徽宿松县	农家品种	普通型
61	Zh.h 2591	邵东中扯子	湖南邵东县	农家品种	普通型
62	Zh.h 2608	大埔种	湖南永顺县	农家品种	普通型
63	Zh.h 2621	细花勾豆	广东惠阳区	农家品种	普通型
64	Zh.h 2651	英德细介仔	广东英德市	农家品种	普通型
65	Zh.h 2652	天津2	广东番禺县	农家品种	普通型
66	Zh.h 2654	马圩大豆	江西抚州市	农家品种	普通型
67	Zh.h 2664	直丝花生	广东南雄市	农家品种	普通型
68	Zh.h 2682	岑巩藤花生	贵州岑巩县	农家品种	普通型
69	Zh.h 2702	锦交4号	辽宁锦州市	杂交	普通型
70	Zh.h 4716	黄岩勾鼻生	浙江黄岩县	农家品种	普通型

（续）

序号	国家库统一编号	种质名称	来源地	选育方法	植物学类型
71	Zh.h 4795	白肉子	广东中山市	农家品种	普通型
72	Zh.h 4923	桑植C	湖南桑植县	农家品种	普通型
73	Zh.h 5030	小河大花生-1	四川威远县小河镇	农家品种	普通型
74	Zh.h 5031	小河大花生-2	四川威远县小河镇	农家品种	普通型
75	Zh.h 5034	沙洋3527	湖北沙洋县	杂交	普通型
76	Zh.h 5060	岳西大花生	安徽岳西县	农家品种	普通型

中间型花生种质资源

序号	国家库统一编号	种质名称	来源地	选育方法	植物学类型
1	Zh.h 0980	苍山大花生	山东兰陵县	系选	中间型
2	Zh.h 1395	花33	山东莱西市	杂交	中间型
3	Zh.h 1399	花32	山东莱西市	杂交	中间型
4	Zh.h 1401	花19	山东莱西市	杂交	中间型
5	Zh.h 1416	鄂花3号	湖北武汉市	杂交	中间型
6	Zh.h 1649	P12	山东莱西市	辐射	中间型
7	Zh.h 1961	狮油红4号	广东澄海区	杂交	中间型
8	Zh.h 2561	潜山大果	安徽潜山县	系选品种	中间型
9	Zh.h 2764	早熟红粒	山东莱西市	杂交	中间型
10	Zh.h 4779	汕油523	广东汕头市	杂交	中间型
11	Zh.h 5327	群育161	山东文登区	系选	中间型
12	Zh.h 5365	经花14	山西太原市	系选	中间型
13	Zh.h 5376	经花25	山西太原市	系选	中间型
14	Zh.h 5399	经花48	山西太原市	系选	中间型

高蛋白花生种质资源

序号	国家库统一编号	种质名称	来源地	粗蛋白含量（%）	植物学类型
1	Zh.h 0024	即墨小红花生	山东即墨市	32.26	多粒型
2	Zh.h 1602	辽中四粒红	辽宁辽中县	32.19	多粒型
3	Zh.h 2360	鹿寨大花生	广西鹿寨县	32.10	龙生型
4	Zh.h 4431	辐杂突8号	山东莱西市	32.06	珍珠豆型
5	Zh.h 4756	赣花2867	江西赣州市	32.04	珍珠豆型
6	Zh.h 1045	杨庄133	河南杞县杨庄镇	31.96	珍珠豆型
7	Zh.h 0042	法库四粒红	辽宁法库县	31.93	多粒型
8	Zh.h 1585	洪洞花生	山西洪洞县	31.90	普通型
9	Zh.h 0417	石龙红花生	广西象州县	31.85	珍珠豆型
10	Zh.h 0436	蒲庙花生	广西邕宁区	31.64	珍珠豆型
11	Zh.h 0008	蓬莱小粒花生	山东蓬莱市	31.60	珍珠豆型
12	Zh.h 0003	抚宁多粒	河北抚宁区	31.58	龙生型
13	Zh.h 2176	沈阳小花生	辽宁沈阳市	31.52	普通型
14	Zh.h 5075	檀头六月仔	浙江象山县	31.52	珍珠豆型

（续）

序号	国家库统一编号	种质名称	来源地	粗蛋白含量（%）	植物学类型
15	Zh.h 0519	阜花3号	辽宁阜新县	31.48	多粒型
16	Zh.h 0033	红膜七十日早	福建龙岩市	31.43	龙生型
17	Zh.h 2413	沂南小麻叶	山东沂南县	31.41	龙生型
18	Zh.h 4754	赣花2861	江西南昌县	31.30	珍珠豆型
19	Zh.h 0378	百日子	福建永定区	31.24	龙生型
20	Zh.h 5031	小河大花生-2	四川威远县小河镇	31.15	普通型
21	Zh.h 2483	百日矮8号	四川南充市	31.11	珍珠豆型
22	Zh.h 0162	强盗花生	江西余干县	31.08	珍珠豆型
23	Zh.h 5065	来安花生	安徽来安县	31.02	龙生型

高油花生种质资源

序号	国家库统一编号	种质名称	来源地	粗脂肪含量（%）	植物学类型
1	Zh.h 1597	蒙自十里铺红皮	云南蒙自市	56.43	多粒型
2	Zh.h 4673	秭归磨坪红皮花生	湖北秭归县	55.78	龙生型
3	Zh.h 0858	花54	山东莱西市	55.74	普通型
4	Zh.h 1672	临县花生	山西临县	55.48	珍珠豆型
5	Zh.h 2404	福山小麻脸	山东福山县	55.31	普通型
6	Zh.h 2456	郑72-5	河南郑州市	55.06	普通型
7	Zh.h 2550	霸王鞭	湖北罗田县	54.80	龙生型
8	Zh.h 5327	群育161	山东文登区	54.76	中间型
9	Zh.h 4756	赣花2867	江西赣州市	54.74	珍珠豆型
10	Zh.h 2076	西农3号	广西南宁市	54.70	普通型
11	Zh.h 0540	栖霞爬蔓小花生	山东栖霞县	54.68	龙生型
12	Zh.h 1816	金寨蔓生	安徽金寨县	54.68	普通型
13	Zh.h 1689	青川小花生	四川青川县	54.67	多粒型
14	Zh.h 1797	鄂花5号	湖北武汉市	54.61	龙生型
15	Zh.h 2160	绥阳扯花生	贵州绥阳县	54.61	珍珠豆型
16	Zh.h 1843	茶陵打子	湖南茶陵县	54.58	普通型
17	Zh.h 2258	仪陇大罗汉	四川仪陇县	54.57	普通型
18	Zh.h 0062	莒南小白仁	山东莒南县	54.46	普通型
19	Zh.h 1830	安化小籽	湖南安化县	54.37	珍珠豆型
20	Zh.h 0531	滕县滕子花生	山东省滕县	54.32	龙生型
21	Zh.h 0162	强盗花生	江西余干县	54.22	珍珠豆型
22	Zh.h 5376	经花25	山西太原市	54.22	中间型
23	Zh.h 2466	王屋花生	河南济源县	54.15	普通型
24	Zh.h 0477	睦屋拔豆	广西灵山县	54.12	龙生型
25	Zh.h 1395	花33	山东莱西市	54.12	中间型
26	Zh.h 1399	花32	山东莱西市	54.12	中间型
27	Zh.h 2387	英德鸡豆仔	广东英德市	54.04	珍珠豆型
28	Zh.h 4779	汕油523	广东汕头市	54.03	中间型
29	Zh.h 0897	胶南一棚星	山东胶南市	54.02	普通型

高O/L值花生种质资源

序号	国家库统一编号	种质名称	来源地	O/L值	植物学类型
1	Zh.h 2764	早熟红粒	山东莱西市	1.99	中间型
2	Zh.h 1374	托克逊大花生	新疆托克逊县	1.91	普通型
3	Zh.h 4911	熊罗9-7	四川南充市	1.91	龙生型
4	Zh.h 5060	岳西大花生	安徽岳西县	1.85	普通型
5	Zh.h 2609	琼山花生	海南琼山区	1.82	龙生型
6	Zh.h 0127	滁县二秧子	安徽滁县	1.81	普通型
7	Zh.h 0977	汶上蔓生	山东汶上县	1.77	普通型
8	Zh.h 1830	安化小籽	湖南安化县	1.75	珍珠豆型
9	Zh.h 1596	多粒花生	广西都安县	1.74	龙生型
10	Zh.h 2410	博山站秧子	山东淄博市	1.73	普通型
11	Zh.h 2250	扶沟罗油6号	四川南充市	1.72	普通型
12	Zh.h 5399	经花48	山西太原市	1.72	中间型
13	Zh.h 0949	牟平大粒蔓	山东牟平区	1.71	普通型
14	Zh.h 1388	兴城红崖伏大	辽宁兴城市	1.71	普通型
15	Zh.h 2477	开封大拖秧	河南开封市	1.71	普通型
16	Zh.h 2464	濮阳二糙	河南濮阳县	1.7	普通型
17	Zh.h 2550	霸王鞭	湖北罗田县	1.7	龙生型

耐涝花生种质资源

序号	国家库统一编号	种质名称	来源地	耐涝性评价级别
1	Zh.h 0003	抚宁多粒	河北抚宁区	1
2	Zh.h 0519	阜花3号	辽宁阜新县	1
3	Zh.h 0980	苍山大花生	山东兰陵县	1
4	Zh.h 1602	辽中四粒红	辽宁辽中县	1
5	Zh.h 1672	临县花生	山西临县	1
6	Zh.h 1934	钩豆	广东从化区	1
7	Zh.h 2105	南宁小花生	广西南宁市	1
8	Zh.h 2176	沈阳小花生	辽宁沈阳市	1
9	Zh.h 2177	永宁小花生	辽宁瓦房店市	1
10	Zh.h 2292	浒山半旱种	浙江慈溪市	1
11	Zh.h 2562	宿松土花生	安徽宿松县	1
12	Zh.h 2609	琼山花生	海南琼山区	1
13	Zh.h 2683	凯里蔓花生	贵州凯里市	1
14	Zh.h 0062	莒南小白仁	山东莒南县	3
15	Zh.h 0127	滁县二秧子	安徽滁县	3
16	Zh.h 0162	强盗花生	江西余干县	3
17	Zh.h 0490	龙武细花生	云南石屏县	3
18	Zh.h 0577	海门圆头花生	江苏海门市	3
19	Zh.h 0678	托克逊小花生	新疆托克逊县	3
20	Zh.h 0844	临清一窝蜂	山东临清县	3
21	Zh.h 0875	威海大粒墩	山东威海市	3

（续）

序号	国家库统一编号	种质名称	来源地	耐涝性评价级别
22	Zh.h 0998	撑破囤	山东五莲县	3
23	Zh.h 1374	托克逊大花生	新疆托克逊县	3
24	Zh.h 1416	鄂花3号	湖北武汉市	3
25	Zh.h 1585	洪洞花生	山西洪洞县	3
26	Zh.h 1591	普陀花生	浙江普陀县	3
27	Zh.h 1596	多粒花生	广西都安县	3
28	Zh.h 2044	浦油3号	福建漳浦县	3
29	Zh.h 2056	惠红40	福建惠安县	3
30	Zh.h 2100	西农040	广西南宁市	3
31	Zh.h 2248	江津小花生	重庆江津区	3
32	Zh.h 2464	濮阳二糙	河南濮阳县	3
33	Zh.h 2550	霸王鞭	湖北罗田县	3
34	Zh.h 2561	潜山大果	安徽潜山县	3
35	Zh.h 2637	小良细花生	广东电白区	3
36	Zh.h 2651	英德细介仔	广东英德市	3
37	Zh.h 2652	天津2	广东番禺县	3
38	Zh.h 2664	直丝花生	广东南雄市	3
39	Zh.h 2682	岑巩藤花生	贵州岑巩县	3
40	Zh.h 2764	早熟红粒	山东莱西市	3
41	Zh.h 5376	经花25	山西太原市	3

抗旱花生种质资源

序号	国家库统一编号	种质名称	来源地	抗旱性评价级别
1	Zh.h 0003	抚宁多粒	河北抚宁区	1
2	Zh.h 0041	新宾红粒	辽宁新宾县	1
3	Zh.h 0102	启东赤豆花生	江苏启东市	1
4	Zh.h 0378	百日子	福建永定区	1
5	Zh.h 0417	石龙红花生	广西象州县	1
6	Zh.h 0441	扶绥花生	广西扶绥县	1
7	Zh.h 0477	睦屋拔豆	广西灵山县	1
8	Zh.h 0519	阜花3号	辽宁阜新县	1
9	Zh.h 0525	锦交1号	辽宁锦州市	1
10	Zh.h 0537	巨野小花生	山东巨野县	1
11	Zh.h 0540	栖霞爬蔓小花生	山东栖霞县	1
12	Zh.h 0861	反修1号	山东临沂市	1
13	Zh.h 0934	夏津小二秧	山东夏津县	1
14	Zh.h 0977	汶上蔓生	山东汶上县	1
15	Zh.h 1075	南阳小油条	河南南阳市	1
16	Zh.h 1324	全县番鬼豆	广西全州县	1
17	Zh.h 1374	托克逊大花生	新疆托克逊县	1
18	Zh.h 1377	北镇大花生	辽宁北镇市	1

（续）

序号	国家库统一编号	种质名称	来源地	抗旱性评价级别
19	Zh.h 1388	兴城红崖伏大	辽宁兴城市	1
20	Zh.h 1399	花32	山东莱西市	1
21	Zh.h 1416	鄂花3号	湖北武汉市	1
22	Zh.h 1585	洪洞花生	山西洪洞县	1
23	Zh.h 1714	紫皮天三	四川南充市	1
24	Zh.h 1777	早花生	湖北大悟县	1
25	Zh.h 1843	茶陵打子	湖南茶陵县	1
26	Zh.h 1934	钩豆	广东从化区	1
27	Zh.h 2044	浦油3号	福建漳浦县	1
28	Zh.h 2208	沂南四粒糙	山东沂南县	1
29	Zh.h 2248	江津小花生	重庆江津区	1
30	Zh.h 2360	鹿寨大花生	广西鹿寨县	1
31	Zh.h 2378	大叶豆	广西博罗县	1
32	Zh.h 2410	博山站秧子	山东淄博市	1
33	Zh.h 2426	沂南大铺秧	山东沂南县	1
34	Zh.h 2461	长垣一把抓	河南长垣县	1
35	Zh.h 2462	濮阳837	河南濮阳市	1
36	Zh.h 2466	王屋花生	河南济源市	1
37	Zh.h 2477	开封大拖秧	河南开封市	1
38	Zh.h 2603	桂圩大豆	广东郁南县	1
39	Zh.h 2604	屯笃仔	广东英德市	1
40	Zh.h 2621	细花勾豆	广东惠阳区	1
41	Zh.h 2652	天津2	广东番禺县	1
42	Zh.h 2654	马圩大豆	江西抚州市	1
43	Zh.h 2682	岑巩藤花生	贵州岑巩县	1
44	Zh.h 2683	凯里蔓花生	贵州凯里市	1
45	Zh.h 2702	锦交四号	辽宁锦州市	1
46	Zh.h 4756	赣花2867	江西赣州市	1
47	Zh.h 4820	锦花2号	辽宁锦州市	1
48	Zh.h 4911	熊罗9-7	四川南充市	1
49	Zh.h 4923	桑植C	湖南桑植县	1
50	Zh.h 5030	小河大花生-1	四川威远县小河镇	1
51	Zh.h 5060	岳西大花生	安徽岳西县	1
52	Zh.h 5065	来安花生	安徽来安县	1
53	Zh.h 5327	群育161	山东文登区	1
54	Zh.h 5399	经花48	山西太原市	1
55	Zh.h 0125	涡阳站秧	安徽涡阳县	3
56	Zh.h 0680	北京大粒墩	北京市	3
57	Zh.h 0719	武邑花生	河北武邑县	3
58	Zh.h 0930	莱芜蔓	山东莱芜市	3
59	Zh.h 1315	发财生	福建平潭县	3
60	Zh.h 1331	柳城筛豆	广西柳城县	3

（续）

序号	国家库统一编号	种质名称	来源地	抗旱性评价级别
61	Zh.h 1401	花19	山东莱西市	3
62	Zh.h 1672	临县花生	山西临县	3
63	Zh.h 1683	潢川直杆	河南潢川县	3
64	Zh.h 1689	青川小花生	四川青川县	3
65	Zh.h 1816	金寨蔓生	安徽金寨县	3
66	Zh.h 1961	狮油红4号	广东澄海区	3
67	Zh.h 2006	粤油92	广东广州市	3
68	Zh.h 2045	黄油17	福建晋江市	3
69	Zh.h 2100	西农040	广西南宁市	3
70	Zh.h 2160	绥阳扯花生	贵州绥阳县	3
71	Zh.h 2224	熊罗9号	四川南充市	3
72	Zh.h 2374	大只豆	广东惠阳区	3
73	Zh.h 2376	大虱督	广东惠阳区	3
74	Zh.h 2387	英德鸡豆仔	广东英德市	3
75	Zh.h 2404	福山小麻脸	山东福山县	3
76	Zh.h 2406	试花3号	山东文登区	3
77	Zh.h 2464	濮阳二糙	河南濮阳县	3
78	Zh.h 2499	南江大花生	四川南江县	3
79	Zh.h 2562	宿松土花生	安徽宿松县	3
80	Zh.h 2609	琼山花生	海南琼山区	3
81	Zh.h 4673	秭归磨坪红皮花生	湖北秭归县	3
82	Zh.h 4779	汕油523	广东汕头市	3
83	Zh.h 5034	沙洋3527	湖北沙洋县	3
84	Zh.h 5075	檀头六月仔	浙江象山县	3

抗青枯病花生种质资源

序号	国家库统一编号	种质名称	来源地	抗青枯病评价级别
1	Zh.h 0436	蒲庙花生	广西邕宁区	3
2	Zh.h 1797	鄂花5号	湖北武汉市	3
3	Zh.h 2294	长沙土子花生	湖南长沙县	3
4	Zh.h 2330	全州凤凰花生	广西全州县	3
5	Zh.h 2387	英德鸡豆仔	广东英德市	3
6	Zh.h 2654	马圩大豆	江西抚州市	3
7	Zh.h 4673	秭归磨坪红皮花生	湖北秭归县	3
8	Zh.h 0127	滁县二秧子	安徽滁县	5
9	Zh.h 0636	凌乐大花生	广西凌乐县	5
10	Zh.h 0678	托克逊小花生	新疆托克逊县	5
11	Zh.h 1374	托克逊大花生	新疆托克逊县	5
12	Zh.h 1777	早花生	湖北大悟县	5
13	Zh.h 2604	屯笃仔	广东英德市	5
14	Zh.h 2618	墩督仔	广东惠阳区	5
15	Zh.h 2652	天津2	广东番禺县	5

抗病毒病花生种质资源

序号	国家库统一编号	种质名称	来源地	抗病毒病评价级别
1	Zh.h 1399	花32	山东省莱西市	3
2	Zh.h 2380	大直丝	广东南雄市	3
3	Zh.h 1331	柳城簕豆	广西柳城县	5

抗早斑病花生种质资源

序号	国家库统一编号	种质名称	来源地	抗早斑病评价级别
1	Zh.h 1590	垟山头多粒	浙江永嘉县	3
2	Zh.h 2044	浦油3号	福建漳浦县	5
3	Zh.h 2045	黄油17	福建晋江市	5
4	Zh.h 2152	惠水花生	贵州惠水县	5
5	Zh.h 2250	扶沟罗油6号	四川南充市	5
6	Zh.h 2360	鹿寨大花生	广西鹿寨县	5
7	Zh.h 2562	宿松土花生	安徽宿松县	5

抗叶斑病花生种质资源

序号	国家库统一编号	种质名称	来源地	抗早斑病评价级别
1	Zh.h 0003	抚宁多粒	河北抚宁区	3
2	Zh.h 0062	莒南小白仁	山东莒南县	3
3	Zh.h 0082	伏花生	山东福山县	3
4	Zh.h 0099	赣榆小站秧	江苏赣榆区	3
5	Zh.h 0102	启东赤豆花生	江苏启东市	3
6	Zh.h 0537	巨野小花生	山东巨野县	3
7	Zh.h 0608	万安花生	江西万安县	3
8	Zh.h 0719	武邑花生	河北武邑县	3
9	Zh.h 0875	威海大粒墩	山东威海市	3
10	Zh.h 0897	胶南一棚星	山东胶南县	3
11	Zh.h 2105	南宁小花生	广西南宁市	3
12	Zh.h 2208	沂南四粒糙	山东沂南县	3
13	Zh.h 2462	濮阳837	河南濮阳市	3
14	Zh.h 2466	王屋花生	河南济源市	3
15	Zh.h 2483	百日矮8号	四川南充市	3
16	Zh.h 0024	即墨小红花生	山东即墨市	5
17	Zh.h 0033	红膜七十日早	福建龙岩市	5
18	Zh.h 0378	百日子	福建永定县	5
19	Zh.h 0477	睦屋拔豆	广西灵山县	5
20	Zh.h 0500	义兴扯花生	贵州兴义县	5
21	Zh.h 0519	阜花3号	辽宁阜新县	5
22	Zh.h 0525	锦交1号	辽宁锦州市	5
23	Zh.h 0531	滕县滕子花生	山东滕县	5
24	Zh.h 0540	栖霞爬蔓小花生	山东栖霞县	5

（续）

序号	国家库统一编号	种质名称	来源地	抗旱斑病评价级别
25	Zh.h 0577	海门圆头花生	江苏海门市	5
26	Zh.h 0636	凌乐大花生	广西凌乐县	5
27	Zh.h 0678	托克逊小花生	新疆托克逊县	5
28	Zh.h 0680	北京大粒墩	北京市	5
29	Zh.h 0844	临清一窝蜂	山东临清市	5
30	Zh.h 0853	艳子山大粒墩	山东即墨市	5
31	Zh.h 0856	花55	山东莱西市	5
32	Zh.h 0858	花54	山东莱西市	5
33	Zh.h 0861	反修1号	山东临沂市	5
34	Zh.h 0930	莱芜蔓	山东莱芜市	5
35	Zh.h 0934	夏津小二秧	山东夏津县	5
36	Zh.h 0949	牟平大粒蔓	山东牟平区	5
37	Zh.h 0977	汶上蔓生	山东汶上县	5
38	Zh.h 0980	苍山大花生	山东兰陵县	5
39	Zh.h 0998	撑破囤	山东五莲县	5
40	Zh.h 1001	滕县洋花生	山东滕县	5
41	Zh.h 1306	大粒花生	江西余干县	5
42	Zh.h 1374	托克逊大花生	新疆托克逊县	5
43	Zh.h 1377	北镇大花生	辽宁北镇市	5
44	Zh.h 1388	兴城红崖伏大	辽宁兴城市	5
45	Zh.h 1395	花33	山东莱西市	5
46	Zh.h 1401	花19	山东莱西市	5
47	Zh.h 1411	徐系4号	江苏徐州市	5
48	Zh.h 1602	辽中四粒红	辽宁辽中县	5
49	Zh.h 1683	潢川直杆	河南潢川县	5
50	Zh.h 1689	青川小花生	四川青川县	5
51	Zh.h 1714	紫皮天三	四川南充市	5
52	Zh.h 1777	早花生	湖北大悟县	5
53	Zh.h 1797	鄂花5号	湖北武汉市	5
54	Zh.h 1816	金寨蔓生	安徽金寨县	5
55	Zh.h 1830	安化小籽	湖南安化县	5
56	Zh.h 1843	茶陵打子	湖南茶陵县	5
57	Zh.h 2056	惠红40	福建惠安县	5
58	Zh.h 2069	狮头企	广西上思县	5
59	Zh.h 2176	沈阳小花生	辽宁沈阳市	5
60	Zh.h 2224	熊罗9号	四川南充市	5
61	Zh.h 2248	江津小花生	重庆江津区	5
62	Zh.h 2258	仪陇大罗汉	四川仪陇县	5
63	Zh.h 2292	浒山半旱种	浙江慈溪市	5
64	Zh.h 2330	全州凤凰花生	广西全州县	5
65	Zh.h 2374	大只豆	广东惠阳区	5
66	Zh.h 2461	长垣一把抓	河南长垣县	5

（续）

序号	国家库统一编号	种质名称	来源地	抗旱斑病评价级别
67	Zh.h 2464	濮阳二糙	河南濮阳县	5
68	Zh.h 2475	李砦小花生	河南永城市	5
69	Zh.h 2477	开封大拖秧	河南开封市	5
70	Zh.h 2499	南江大花生	四川南江县	5
71	Zh.h 2508	南溪二郎子	四川南溪区	5
72	Zh.h 2550	霸王鞭	湖北罗田县	5
73	Zh.h 2561	潜山大果	安徽潜山县	5
74	Zh.h 2591	邵东中扯子	湖南邵东县	5
75	Zh.h 2683	凯里蔓花生	贵州凯里市	5
76	Zh.h 2702	锦交4号	辽宁锦州市	5

抗锈病花生种质资源

序号	国家库统一编号	种质名称	来源地	抗锈病评价级别
1	Zh.h 2483	百日矮8号	四川南充市	3
2	Zh.h 0024	即墨小红花生	山东即墨市	5
3	Zh.h 0033	红膜七十日早	福建龙岩市	5
4	Zh.h 0417	石龙红花生	广西象州县	5
5	Zh.h 0441	扶绥花生	广西扶绥县	5
6	Zh.h 0477	睦屋拔豆	广西灵山县	5
7	Zh.h 0636	凌乐大花生	广西凌乐县	5
8	Zh.h 0678	托克逊小花生	新疆托克逊县	5
9	Zh.h 0868	栖霞半糠皮	山东栖霞市	5
10	Zh.h 1306	大粒花生	江西余干县	5
11	Zh.h 1374	托克逊大花生	新疆托克逊县	5
12	Zh.h 1602	辽中四粒红	辽宁辽中县	5
13	Zh.h 1689	青川小花生	四川青川县	5
14	Zh.h 1843	茶陵打子	湖南茶陵县	5
15	Zh.h 2248	江津小花生	重庆江津区	5
16	Zh.h 2461	长垣一把抓	河南长垣县	5
17	Zh.h 2462	濮阳837	河南濮阳市	5
18	Zh.h 2464	濮阳二糙	河南濮阳县	5
19	Zh.h 2466	王屋花生	河南济源市	5
20	Zh.h 2499	南江大花生	四川南江县	5
21	Zh.h 2508	南溪二郎子	四川南溪区	5
22	Zh.h 2591	邵东中扯子	湖南邵东县	5

抗线虫病花生种质资源

序号	国家库统一编号	种质名称	来源地	抗线虫病评价级别
1	Zh.h 4716	黄岩勾鼻生	浙江黄岩县	3
2	Zh.h 5399	经花48	山西太原市	5

附录2 中国花生地方品种骨干种质分子生物学研究关键结果

骨干种质图谱所用8对SSR引物名称、序列、PIC值、检测到的等位位点数

引物名称	连锁群	引物序列（5′→3′）	PIC值	等位位点数
pPGPseq2C11	A03	F-tgacctcaattttggggaag R-gccactattcatcgcggta	0.78	7
GNB556	A01	F-tcagggtgggttaccaacat R-taatccacattgaaccgacg	0.92	10
Ah2TC11H06	B04	F-ccatgtgaggtatcagtaaagaaagg R-ccaccaacaacattggatgaat	0.82	9
Ah1TC5A06	A07	F-tcggtttgggagacactctt R-ttgtaagcagacgccacatc	0.85	10
GM2638	A04	F-atgctctcagttcttgcctga R-cagacataacagtcagtttcacc	0.85	9
PM308	未定位	F-ccttcttctttctcctcctca R-caattcgtgatagtattttattggaca	0.84	7
GNB329	未定位	F-cccttttttcgctttcttcct R-gttctcgtttgtgccctctc	0.82	9
AHS2037	A10	F-tggccttgattactctcgct R-acaggggtctggaggaagtt	0.90	6

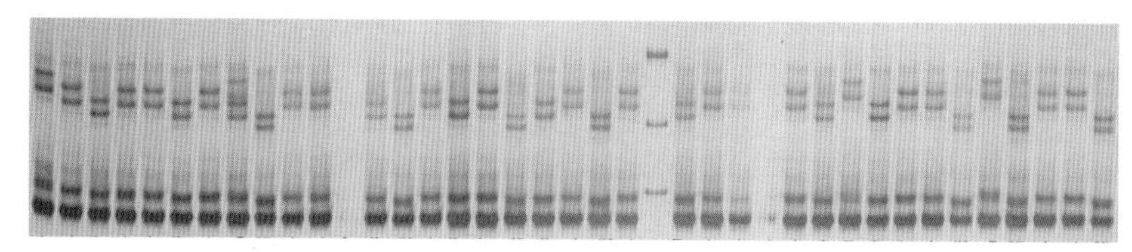

引物pPGPseq2C11在部分核心种质中的多态性扩增结果

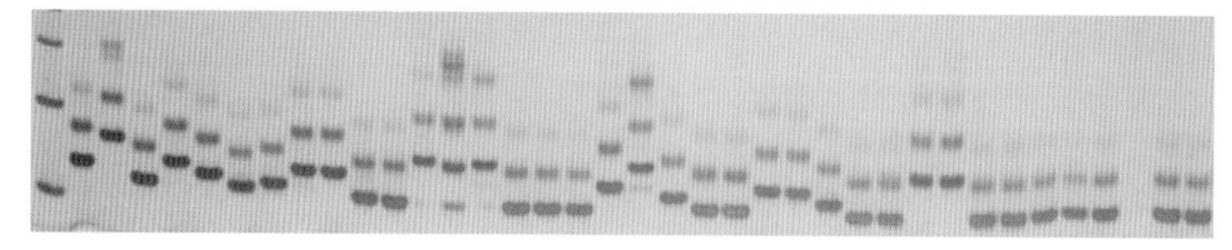

引物GNB556在部分核心种质中的多态性扩增结果

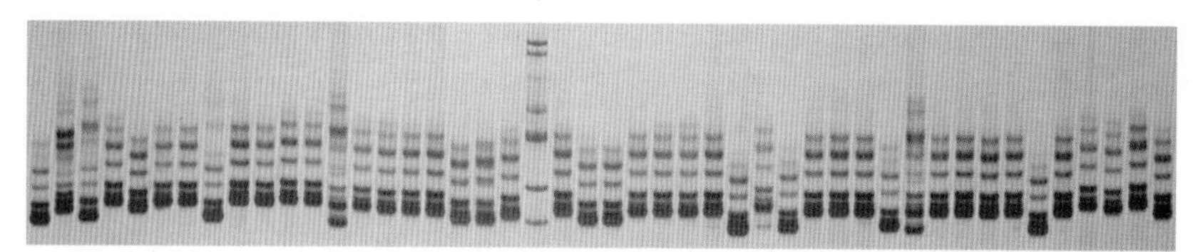

引物Ah2TC11H06在部分核心种质中的多态性扩增结果

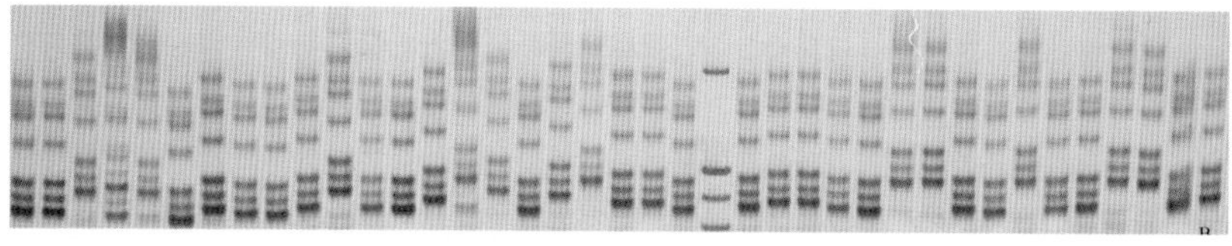

引物Ah1TC5A06在部分核心种质中的多态性扩增结果

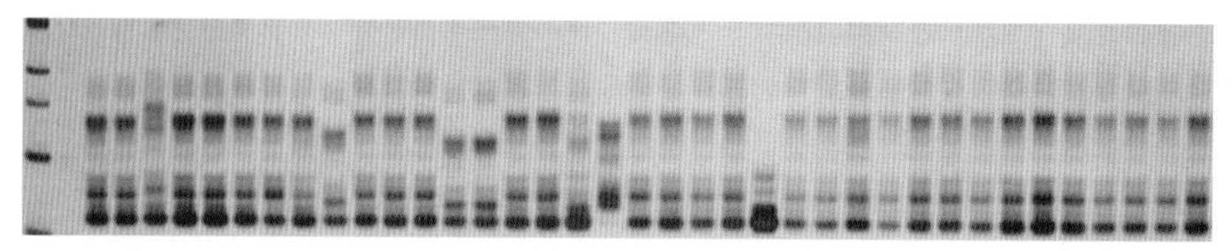

引物GM2638在部分核心种质中的多态性扩增结果

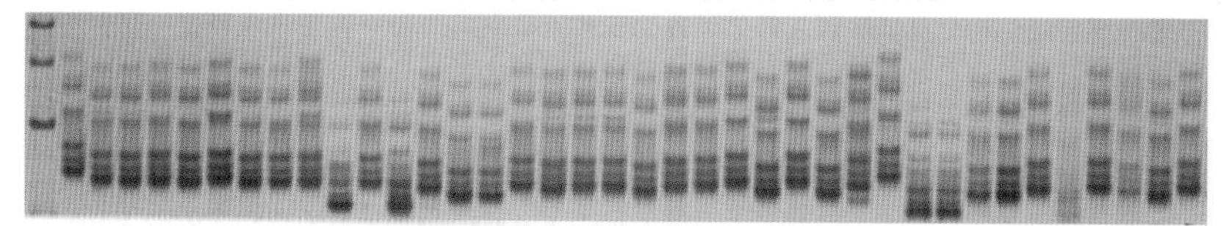

引物PM308在部分核心种质中的多态性扩增结果

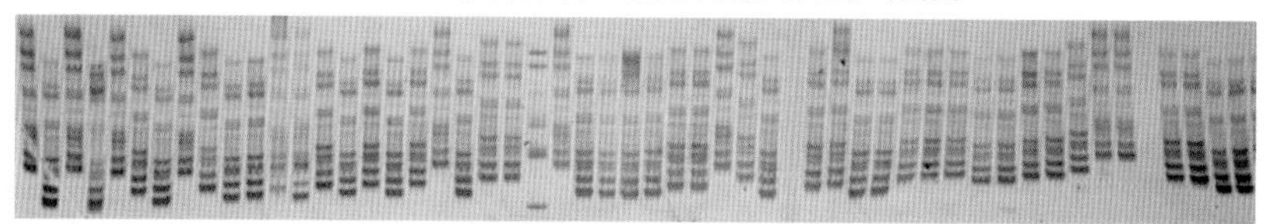

引物GNB329在部分核心种质中的多态性扩增结果

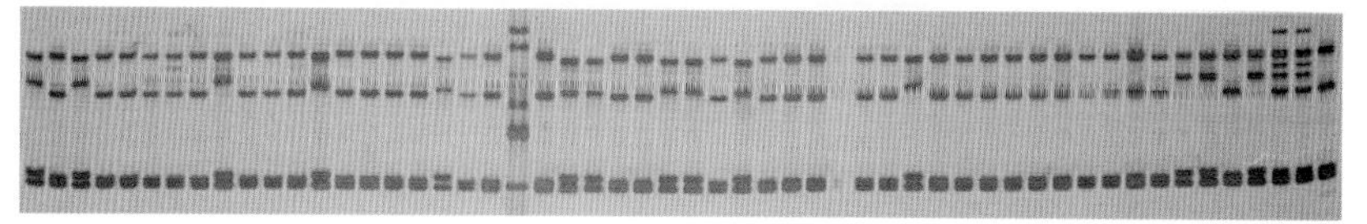

引物AHS2037在部分核心种质中的多态性扩增结果

SSR引物扩增结果

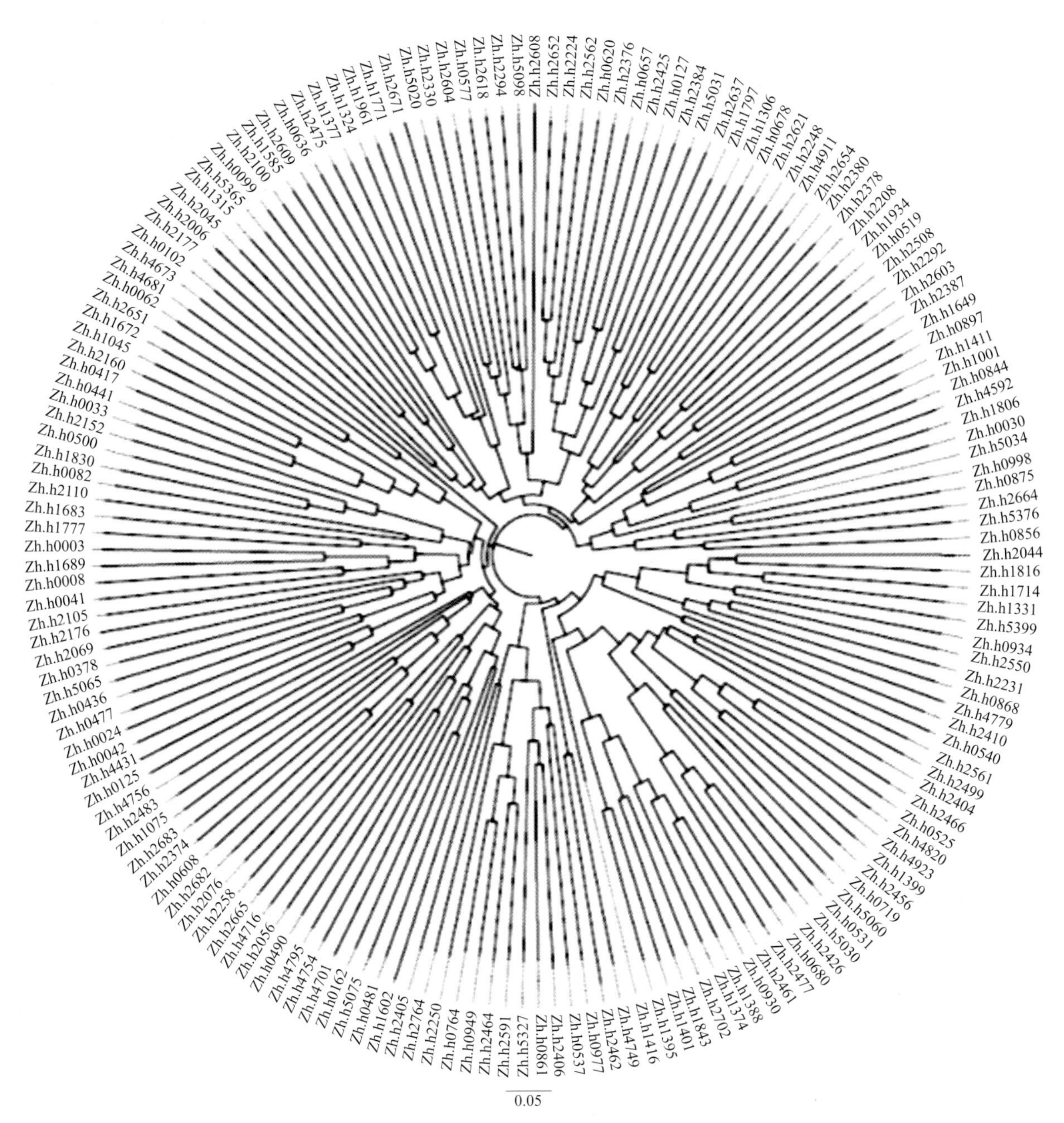

171份中国花生地方品种骨干种质SSR分子标记系统聚类图

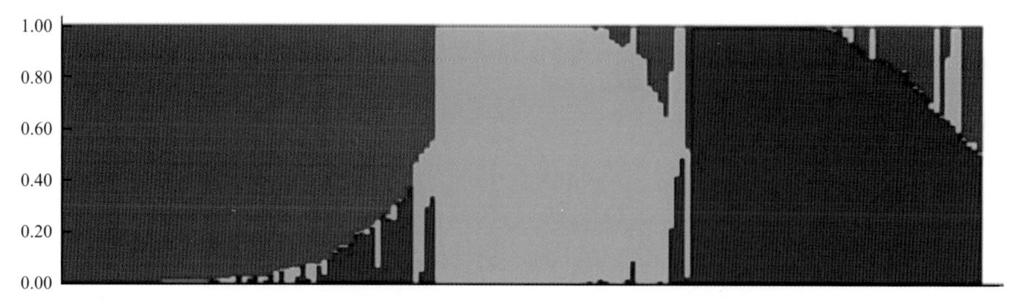

基于贝叶斯数学模型分析171份花生种质的群体结构

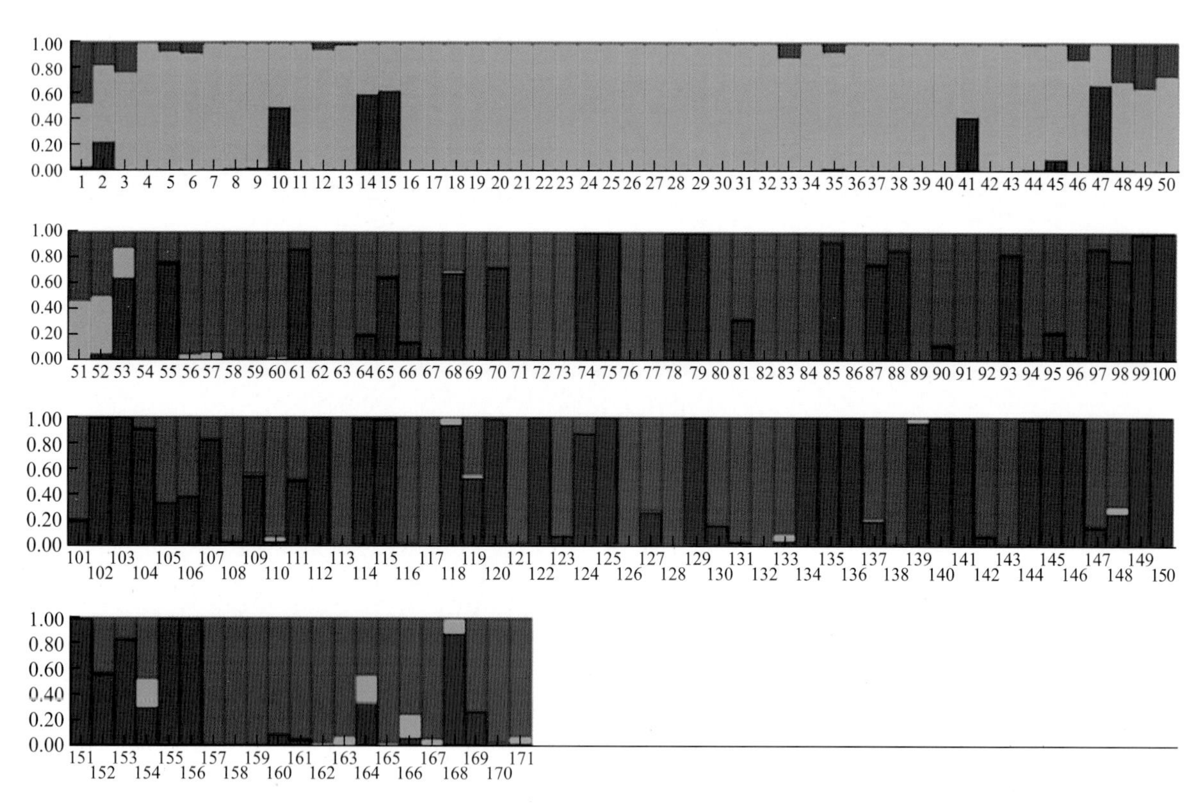

利用STRUCTURE软件分析全部种质在亚群中的成员概率

图书在版编目（CIP）数据

中国花生地方品种骨干种质/单世华，闫彩霞编著
．—北京：中国农业出版社，2018.12
ISBN 978-7-109-24900-4

Ⅰ．①中… Ⅱ．①单… ②闫… Ⅲ．①花生-种质资源-研究-中国-图谱 Ⅳ．①S565.202.4-64

中国版本图书馆CIP数据核字（2018）第260941号

中国农业出版社出版
（北京市朝阳区麦子店街18号楼）
（邮政编码 100125）
责任编辑 孟令洋 国 圆 郭晨茜

北京通州皇家印刷厂印刷 新华书店北京发行所发行
2018年11月第1版 2018年11月北京第1次印刷

开本：787mm×1092mm 1/16 印张：13.75
字数：350 千字
定价：150.00 元